全国省级生态环境部门建设项目环境影响评价分级审批文件汇编

（2018 年）

生态环境部环境工程评估中心　编

中国环境出版集团・北京

图书在版编目（CIP）数据

全国省级生态环境部门建设项目环境影响评价分级审批文件汇编（2018 年）/生态环境部环境工程评估中心编. —北京：中国环境出版集团，2019.5

ISBN 978-7-5111-3955-9

Ⅰ. ①全… Ⅱ. ①生… Ⅲ. ①基本建设项目—环境影响—评价—文件—汇编—中国 Ⅳ. ①X820.3

中国版本图书馆 CIP 数据核字（2019）第 072065 号

出 版 人 武德凯
责任编辑 孔 锦
责任校对 任 丽
封面设计 宋 瑞

更多信息，请关注
中国环境出版集团
第一分社

出版发行 中国环境出版集团
（100062 北京市东城区广渠门内大街 16 号）
网 址：http://www.cesp.com.cn
电子邮箱：bjgl@cesp.com.cn
联系电话：010-67112765（编辑管理部）
010-67112735（第一分社）
发行热线：010-67125803，010-67113405（传真）
印 刷 北京中科印刷有限公司
经 销 各地新华书店
版 次 2019 年 5 月第 1 版
印 次 2019 年 5 月第 1 次印刷
开 本 787×960 1/16
印 张 13.25
字 数 240 千字
定 价 45.00 元

《全国省级生态环境部门建设项目环境影响评价分级审批文件汇编（2018 年）》

编写委员会

主　　编　谭民强

副 主 编　邹世英　杜蕴慧

编　　委　柴西龙　刁晓君　吴　铁　张承舟　沙克昌
许红霞　赵春丽　关　睿　乔　皎　史雪廷
贾少华　陈秋韵　朱　嫚　吴　鹏　靳　杰
舒　艳　刘辰婉

前　言

根据国务院深化行政审批制度改革决策部署，为提高建设项目环境管理效能，推进简政放权，原环境保护部继2013年11月下放25项建设项目环评审批权限后，于2015年3月发布了《环境保护部审批环境影响评价文件的建设项目目录（2015 年本）》，再次对原环境保护部审批权限做出调整，明确了火电站、热电站、炼铁炼钢、有色冶炼、国家高速公路、汽车、大型主题公园等项目的环境影响评价文件由省级环境保护部门审批。

随着建设项目环评审批权改革工作的推进，各省及时调整了与国家政策法规要求冲突的内容，并根据环评审批权限下放后地方的承接能力和实施效果修改完善了目录内容。2015年1月至2019年4月，全国31个省、自治区、直辖市及新疆生产建设兵团生态环境部门均已发布各自的审批环境影响评价文件的建设项目目录，其中14个省、自治区、直辖市已发布2轮（或3轮）建设项目环境影响评价分级审批规定。

本书收录了2015年1月至2019年4月发布的环境影响评价分级审批相关的法律法规、部门规章及各省、自治区、直辖市、新疆生产建设兵团生态环境主管部门审批环境影响评价文件的建设项目目录。随着《生态环境部审批环境影响评价文件的建设项目目录（2019年本）》的发布（进一步下放了运输机场、不跨省铁路、集装箱专用码头、稀土矿山开发、特大型主题公园，以及一部分防洪治涝工程、灌区工程、研究和试验发展项目、卫生项目），省级生态环境部门将会结合本地区实际情况和基层生态环境部门承接能力，及时调整建设项目环境影响评价文件审批权限，我们也将对汇编内容进行持续更新，并及时发布新的建设项目环境影响评价分级审批文件汇编。希望本书的出版能够对广大环境影响评价工作者在开展环境影响评价等相关工作时有所帮助。

本书编写出版过程中，各省、自治区、直辖市生态环境主管部门、环境影响评估机构给予了大力支持。中国环境出版集团的领导和编校人员付出了辛勤劳动，在此表示衷心感谢。

编　者

2019 年 5 月

目　录

一、法律法规

中华人民共和国环境影响评价法

（2002 年 10 月 28 日第九届全国人民代表大会常务委员会第三十次会议通过；2016 年 7 月 2 日第十二届全国人民代表大会常务委员会第二十一次会议《关于修改〈中华人民共和国节约能源法〉等六部法律的决定》第一次修正；2018 年 12 月 29 日第十三届全国人民代表大会常务委员会第七次会议《关于修改〈中华人民共和国劳动法〉等七部法律的决定》第二次修正）

目 录

第一章 总 则

第一条 为了实施可持续发展战略，预防因规划和建设项目实施后对环境造成不良影响，促进经济、社会和环境的协调发展，制定本法。

第二条 本法所称环境影响评价，是指对规划和建设项目实施后可能造成的环境影响进行分析、预测和评估，提出预防或者减轻不良环境影响的对策和措施，进行跟踪监测的方法与制度。

第三条 编制本法第九条所规定的范围内的规划，在中华人民共和国领域和中华人民共和国管辖的其他海域内建设对环境有影响的项目，应当依照本法进行环境影响评价。

第四条 环境影响评价必须客观、公开、公正，综合考虑规划或者建设项目实施后对各种环境因素及其所构成的生态系统可能造成的影响，为决策提供科学依据。

第五条 国家鼓励有关单位、专家和公众以适当方式参与环境影响评价。

第六条 国家加强环境影响评价的基础数据库和评价指标体系建设，鼓励和支持对环境影响评价的方法、技术规范进行科学研究，建立必要的环境影响评价信息共享制度，提高环境影响评价的科学性。

国务院生态环境主管部门应当会同国务院有关部门，组织建立和完善环境影响评价的基础数据库和评价指标体系。

第二章　规划的环境影响评价

第七条　国务院有关部门、设区的市级以上地方人民政府及其有关部门，对其组织编制的土地利用的有关规划，区域、流域、海域的建设、开发利用规划，应当在规划编制过程中组织进行环境影响评价，编写该规划有关环境影响的篇章或者说明。

规划有关环境影响的篇章或者说明，应当对规划实施后可能造成的环境影响作出分析、预测和评估，提出预防或者减轻不良环境影响的对策和措施，作为规划草案的组成部分一并报送规划审批机关。

未编写有关环境影响的篇章或者说明的规划草案，审批机关不予审批。

第八条　国务院有关部门、设区的市级以上地方人民政府及其有关部门，对其组织编制的工业、农业、畜牧业、林业、能源、水利、交通、城市建设、旅游、自然资源开发的有关专项规划（以下简称专项规划），应当在该专项规划草案上报审批前，组织进行环境影响评价，并向审批该专项规划的机关提出环境影响报告书。

前款所列专项规划中的指导性规划，按照本法第七条的规定进行环境影响评价。

第九条　依照本法第七条、第八条的规定进行环境影响评价的规划的具体范围，由国务院生态环境主管部门会同国务院有关部门规定，报国务院批准。

第十条　专项规划的环境影响报告书应当包括下列内容：

（一）实施该规划对环境可能造成影响的分析、预测和评估；

（二）预防或者减轻不良环境影响的对策和措施；

（三）环境影响评价的结论。

第十一条　专项规划的编制机关对可能造成不良环境影响并直接涉及公众环境权益的规划，应当在该规划草案报送审批前，举行论证会、听证会，或者采取其他形式，征求有关单位、专家和公众对环境影响报告书草案的意见。但是，国家规定需要保密的情形除外。

编制机关应当认真考虑有关单位、专家和公众对环境影响报告书草案的意见，并应当在报送审查的环境影响报告书中附具对意见采纳或者不采纳的说明。

第十二条 专项规划的编制机关在报批规划草案时，应当将环境影响报告书一并附送审批机关审查；未附送环境影响报告书的，审批机关不予审批。

第十三条 设区的市级以上人民政府在审批专项规划草案，作出决策前，应当先由人民政府指定的生态环境主管部门或者其他部门召集有关部门代表和专家组成审查小组，对环境影响报告书进行审查。审查小组应当提出书面审查意见。

参加前款规定的审查小组的专家，应当从按照国务院生态环境主管部门的规定设立的专家库内的相关专业的专家名单中，以随机抽取的方式确定。

由省级以上人民政府有关部门负责审批的专项规划，其环境影响报告书的审查办法，由国务院生态环境主管部门会同国务院有关部门制定。

第十四条 审查小组提出修改意见的，专项规划的编制机关应当根据环境影响报告书结论和审查意见对规划草案进行修改完善，并对环境影响报告书结论和审查意见的采纳情况作出说明；不采纳的，应当说明理由。

设区的市级以上人民政府或者省级以上人民政府有关部门在审批专项规划草案时，应当将环境影响报告书结论以及审查意见作为决策的重要依据。

在审批中未采纳环境影响报告书结论以及审查意见的，应当作出说明，并存档备查。

第十五条 对环境有重大影响的规划实施后，编制机关应当及时组织环境影响的跟踪评价，并将评价结果报告审批机关；发现有明显不良环境影响的，应当及时提出改进措施。

第三章 建设项目的环境影响评价

第十六条 国家根据建设项目对环境的影响程度，对建设项目的环境影响评价实行分类管理。

建设单位应当按照下列规定组织编制环境影响报告书、环境影响报告表或者填报环境影响登记表（以下统称环境影响评价文件）：

（一）可能造成重大环境影响的，应当编制环境影响报告书，对产生的环境影响进行全面评价；

（二）可能造成轻度环境影响的，应当编制环境影响报告表，对产生的环境影响进行分析或者专项评价；

（三）对环境影响很小、不需要进行环境影响评价的，应当填报环境影响登记表。

建设项目的环境影响评价分类管理名录，由国务院生态环境主管部门制定并公布。

第十七条 建设项目的环境影响报告书应当包括下列内容：

（一）建设项目概况；

（二）建设项目周围环境现状；

（三）建设项目对环境可能造成影响的分析、预测和评估；

（四）建设项目环境保护措施及其技术、经济论证；

（五）建设项目对环境影响的经济损益分析；

（六）对建设项目实施环境监测的建议；

（七）环境影响评价的结论。

环境影响报告表和环境影响登记表的内容和格式，由国务院生态环境主管部门制定。

第十八条 建设项目的环境影响评价，应当避免与规划的环境影响评价相重复。

作为一项整体建设项目的规划，按照建设项目进行环境影响评价，不进行规划的环境影响评价。

已经进行了环境影响评价的规划包含具体建设项目的，规划的环境影响评价结论应当作为建设项目环境影响评价的重要依据，建设项目环境影响评价的内容应当根据规划的环境影响评价审查意见予以简化。

第十九条 建设单位可以委托技术单位对其建设项目开展环境影响评价，编制建设项目环境影响报告书、环境影响报告表；建设单位具备环境影响评价技术能力的，可以自行对其建设项目开展环境影响评价，编制建设项目环境影响报告书、环境影响报告表。

编制建设项目环境影响报告书、环境影响报告表应当遵守国家有关环境影响评价标准、技术规范等规定。

国务院生态环境主管部门应当制定建设项目环境影响报告书、环境影响报告表编制的能力建设指南和监管办法。

接受委托为建设单位编制建设项目环境影响报告书、环境影响报告表的技术单位，不得与负责审批建设项目环境影响报告书、环境影响报告表的生态环境主管部门或者其他有关审批部门存在任何利益关系。

第二十条 建设单位应当对建设项目环境影响报告书、环境影响报告表的内容和结论负责，接受委托编制建设项目环境影响报告书、环境影响报告表的技术单位对其编制的建设项目环境影响报告书、环境影响报告表承担相应责任。

设区的市级以上人民政府生态环境主管部门应当加强对建设项目环境影响报告书、环境影响报告表编制单位的监督管理和质量考核。

负责审批建设项目环境影响报告书、环境影响报告表的生态环境主管部门应当将编制单位、编制主持人和主要编制人员的相关违法信息记入社会诚信档案，并纳入全国信用信息共享平台和国家企业信用信息公示系统向社会公布。

任何单位和个人不得为建设单位指定编制建设项目环境影响报告书、环境影响报告表的技术单位。

第二十一条 除国家规定需要保密的情形外，对环境可能造成重大影响、应当编制环境影响报告书的建设项目，建设单位应当在报批建设项目环境影响报告书前，举行论证会、听证会，或者采取其他形式，征求有关单位、专家和公众的意见。

建设单位报批的环境影响报告书应当附具对有关单位、专家和公众的意见采纳或者不采纳的说明。

第二十二条 建设项目的环境影响报告书、报告表，由建设单位按照国务院的规定报有审批权的生态环境主管部门审批。

海洋工程建设项目的海洋环境影响报告书的审批，依照《中华人民共和国海洋环境保护法》的规定办理。

审批部门应当自收到环境影响报告书之日起六十日内，收到环境影响报告表之日起三十日内，分别作出审批决定并书面通知建设单位。

国家对环境影响登记表实行备案管理。

审核、审批建设项目环境影响报告书、报告表以及备案环境影响登记表，不得收取任何费用。

第二十三条 国务院生态环境主管部门负责审批下列建设项目的环境影响评价文件：

（一）核设施、绝密工程等特殊性质的建设项目；

（二）跨省、自治区、直辖市行政区域的建设项目；

（三）由国务院审批的或者由国务院授权有关部门审批的建设项目。

前款规定以外的建设项目的环境影响评价文件的审批权限，由省、自治区、直辖市人民政府规定。

建设项目可能造成跨行政区域的不良环境影响，有关生态环境主管部门对该项目的环境影响评价结论有争议的，其环境影响评价文件由共同的上一级生态环境主管部门审批。

第二十四条 建设项目的环境影响评价文件经批准后，建设项目的性质、规模、地点、采用的生产工艺或者防治污染、防止生态破坏的措施发生重大变动的，建设单位应当重新报批建设项目的环境影响评价文件。

建设项目的环境影响评价文件自批准之日起超过五年，方决定该项目开工建设的，其环境影响评价文件应当报原审批部门重新审核；原审批部门应当自收到建设项目环境影响评价文件之日起十日内，将审核意见书面通知建设单位。

第二十五条 建设项目的环境影响评价文件未依法经审批部门审查或者审查后未予批准的，建设单位不得开工建设。

第二十六条 建设项目建设过程中，建设单位应当同时实施环境影响报告书、环境影响报告表以及环境影响评价文件审批部门审批意见中提出的环境保护对策措施。

第二十七条 在项目建设、运行过程中产生不符合经审批的环境影响评价文件的情形的，建设单位应当组织环境影响的后评价，采取改进措施，并报原环境影响评价文件审批部门和建设项目审批部门备案；原环境影响评价文件审批部门也可以责成建设单位进行环境影响的后评价，采取改进措施。

第二十八条 生态环境主管部门应当对建设项目投入生产或者使用后所产生的环境影响进行跟踪检查，对造成严重环境污染或者生态破坏的，应当查清原因、查明责任。

对属于建设项目环境影响报告书、环境影响报告表存在基础资料明显不实，内容存在重大缺陷、遗漏或者虚假，环境影响评价结论不正确或者不合理等严重质量问题的，依照本法第三十二条的规定追究建设单位及其相关责任人员和接受委托编制建设项目环境影响报告书、环境影响报告表的技术单位及其相关人员的法律责任；属于审批部门工作人员失职、渎职，对依法不应批准的建设项目环境影响报告书、环境影响报告表予以批准的，依照本法第三十四条的规定追究其法律责任。

第四章 法律责任

第二十九条 规划编制机关违反本法规定，未组织环境影响评价，或者组织环境影响评价时弄虚作假或者有失职行为，造成环境影响评价严重失实的，对直接负责的主管人员和其他直接责任人员，由上级机关或者监察机关依法给予行政处分。

第三十条 规划审批机关对依法应当编写有关环境影响的篇章或者说明而未编写的规划草案，依法应当附送环境影响报告书而未附送的专项规划草案，违法予以批准的，对直接负责的主管人员和其他直接责任人员，由上级机关或者监察机关依法给予行政处分。

第三十一条 建设单位未依法报批建设项目环境影响报告书、报告表，或者未依照本法第二十四条的规定重新报批或者报请重新审核环境影响报告书、报告表，擅自开工建设的，由县级以上生态环境主管部门责令停止建设，根据违法情节和危害后果，处建设项目总投资额百分之一以上百分之五以下的罚款，并可以责令恢复原状；对建设单位直接负责的主管人员和其他直接责任人员，依法给予行政处分。

建设项目环境影响报告书、报告表未经批准或者未经原审批部门重新审核同意，建设单位擅自开工建设的，依照前款的规定处罚、处分。

建设单位未依法备案建设项目环境影响登记表的，由县级以上生态环境主管部门责令备案，处五万元以下的罚款。

海洋工程建设项目的建设单位有本条所列违法行为的，依照《中华人民共和国海洋环境保护法》的规定处罚。

第三十二条 建设项目环境影响报告书、环境影响报告表存在基础资料明显不实，内容存在重大缺陷、遗漏或者虚假，环境影响评价结论不正确或者不合理等严重质量问题的，由设区的市级以上人民政府生态环境主管部门对建设单位处五十万元以上二百万元以下的罚款，并对建设单位的法定代表人、主要负责人、直接负责的主管人员和其他直接责任人员，处五万元以上二十万元以下的罚款。

接受委托编制建设项目环境影响报告书、环境影响报告表的技术单位违反国家有关环境影响评价标准和技术规范等规定，致使其编制的建设项目环境影响报告书、环境影响报告表存在基础资料明显不实，内容存在重大缺陷、遗漏或者虚假，环境影响评价结论不正确或者不合理等严重质量问题的，由设区的市级以上人民政府生态环境主管部门对技术单位处所收费用三倍以上五倍以下的罚款；情节严重的，禁止从事环境影响报告书、环境影响报告表编制工作；有违法所得的，没收违法所得。

编制单位有本条第一款、第二款规定的违法行为的，编制主持人和主要编制人员五年内禁止从事环境影响报告书、环境影响报告表编制工作；构成犯罪的，依法追究刑事责任，并终身禁止从事环境影响报告书、环境影响报告表编制工作。

第三十三条 负责审核、审批、备案建设项目环境影响评价文件的部门在审批、备案中收取费用的，由其上级机关或者监察机关责令退还；情节严重的，对直接负责的主管人员和其他直接责任人员依法给予行政处分。

第三十四条 生态环境主管部门或者其他部门的工作人员徇私舞弊，滥用职权，玩忽职守，违法批准建设项目环境影响评价文件的，依法给予行政处分；构成犯罪的，依法追究刑事责任。

第五章 附 则

第三十五条 省、自治区、直辖市人民政府可以根据本地的实际情况，要求对本辖区的县级人民政府编制的规划进行环境影响评价。具体办法由省、自治区、直辖市参照本法第二章的规定制定。

第三十六条 军事设施建设项目的环境影响评价办法，由中央军事委员会依照本法的原则制定。

第三十七条 本法自 2003 年 9 月 1 日起施行。

中华人民共和国国务院令

第682号

《国务院关于修改〈建设项目环境保护管理条例〉的决定》已经2017年6月21日国务院第177次常务会议通过，现予公布，自2017年10月1日起施行。

总　理　李克强

2017年7月16日

国务院关于修改《建设项目环境保护管理条例》的决定

国务院决定对《建设项目环境保护管理条例》作如下修改：

一、删去第六条第二款。

二、将第七条第二款修改为："建设项目环境影响评价分类管理名录，由国务院环境保护行政主管部门在组织专家进行论证和征求有关部门、行业协会、企事业单位、公众等意见的基础上制定并公布。"

三、删去第八条第二款。

四、将第九条、第十条合并，作为第九条，修改为："依法应当编制环境影响报告书、环境影响报告表的建设项目，建设单位应当在开工建设前将环境影响报告书、环境影响报告表报有审批权的环境保护行政主管部门审批；建设项目的环境影响评价文件未依法经审批部门审查或者审查后未予批准的，建设单位不得开工建设。

"环境保护行政主管部门审批环境影响报告书、环境影响报告表，应当重点审查建设项目的环境可行性、环境影响分析预测评估的可靠性、环境保护措施的有效性、环境影响评价结论的科学性等，并分别自收到环境影响报告书之日起60日内、收到环境影响报告表之日起30日内，作出审批决定并书面通知建设单位。

"环境保护行政主管部门可以组织技术机构对建设项目环境影响报告书、环境影响报告表进行技术评估，并承担相应费用；技术机构应当对其提出的技术评估意见负责，不得向建设单位、从事环境影响评价工作的单位收取任何费用。

“依法应当填报环境影响登记表的建设项目，建设单位应当按照国务院环境保护行政主管部门的规定将环境影响登记表报建设项目所在地县级环境保护行政主管部门备案。

“环境保护行政主管部门应当开展环境影响评价文件网上审批、备案和信息公开。”

五、将第十一条改为第十条，删去该条中的“或者环境影响登记表”。

六、增加一条，作为第十一条：“建设项目有下列情形之一的，环境保护行政主管部门应当对环境影响报告书、环境影响报告表作出不予批准的决定：

“（一）建设项目类型及其选址、布局、规模等不符合环境保护法律法规和相关法定规划；

“（二）所在区域环境质量未达到国家或者地方环境质量标准，且建设项目拟采取的措施不能满足区域环境质量改善目标管理要求；

“（三）建设项目采取的污染防治措施无法确保污染物排放达到国家和地方排放标准，或者未采取必要措施预防和控制生态破坏；

“（四）改建、扩建和技术改造项目，未针对项目原有环境污染和生态破坏提出有效防治措施；

“（五）建设项目的环境影响报告书、环境影响报告表的基础资料数据明显不实，内容存在重大缺陷、遗漏，或者环境影响评价结论不明确、不合理。”

七、将第十二条修改为：“建设项目环境影响报告书、环境影响报告表经批准后，建设项目的性质、规模、地点、采用的生产工艺或者防治污染、防止生态破坏的措施发生重大变动的，建设单位应当重新报批建设项目环境影响报告书、环境影响报告表。

“建设项目环境影响报告书、环境影响报告表自批准之日起满5年，建设项目方开工建设的，其环境影响报告书、环境影响报告表应当报原审批部门重新审核。原审批部门应当自收到建设项目环境影响报告书、环境影响报告表之日起10日内，将审核意见书面通知建设单位；逾期未通知的，视为审核同意。

“审核、审批建设项目环境影响报告书、环境影响报告表及备案环境影响登记表，不得收取任何费用。”

八、删去第十三条。

九、将第十七条改为第十六条，修改为：“建设项目的初步设计，应当按照环境保护设计规范的要求，编制环境保护篇章，落实防治环境污染和生态破坏的措施以及环境保护设施投资概算。

“建设单位应当将环境保护设施建设纳入施工合同，保证环境保护设施建设进度和资金，并在项目建设过程中同时组织实施环境影响报告书、环境影响报告表及其审批部门审批决定中提出的环境保护对策措施。”

十、删去第十八条、第十九条。

十一、将第二十条改为第十七条，修改为：“编制环境影响报告书、环境影响报告表的建设项目竣工后，建设单位应当按照国务院环境保护行政主管部门规定的标准和程序，对配套建设的环境保护设施进行验收，编制验收报告。

“建设单位在环境保护设施验收过程中，应当如实查验、监测、记载建设项目环境保护设施的建设和调试情况，不得弄虚作假。

“除按照国家规定需要保密的情形外，建设单位应当依法向社会公开验收报告。”

十二、删去第二十二条。

十三、将第二十三条改为第十九条，修改为：“编制环境影响报告书、环境影响报告表的建设项目，其配套建设的环境保护设施经验收合格，方可投入生产或者使用；未经验收或者验收不合格的，不得投入生产或者使用。

“前款规定的建设项目投入生产或者使用后，应当按照国务院环境保护行政主管部门的规定开展环境影响后评价。”

十四、增加一条，作为第二十条：“环境保护行政主管部门应当对建设项目环境保护设施设计、施工、验收、投入生产或者使用情况，以及有关环境影响评价文件确定的其他环境保护措施的落实情况，进行监督检查。

“环境保护行政主管部门应当将建设项目有关环境违法信息记入社会诚信档案，及时向社会公开违法者名单。”

十五、将第二十四条、第二十五条合并，作为第二十一条，修改为：“建设单位有下列行为之一的，依照《中华人民共和国环境影响评价法》的规定处罚：

“（一）建设项目环境影响报告书、环境影响报告表未依法报批或者报请重新审核，擅自开工建设；

“（二）建设项目环境影响报告书、环境影响报告表未经批准或者重新审核同意，擅自开工建设；

“（三）建设项目环境影响登记表未依法备案。”

十六、增加一条，作为第二十二条：“违反本条例规定，建设单位编制建设项目初步设计未落实防治环境污染和生态破坏的措施以及环境保护设施投资概算，未将环境保护设施建设纳入施工合同，或者未依法开展环境影响后评价的，由建设项目所在地县级以上环境保护行政主管部门责令限期改正，处 5 万元以上 20 万元以下的罚款；逾期不改正的，处 20 万元以上 100 万元以下的罚款。

“违反本条例规定，建设单位在项目建设过程中未同时组织实施环境影响报告书、环境影响报告表及其审批部门审批决定中提出的环境保护对策措施的，由建设项目所在地县级以上环境保护行政主管部门责令限期改正，处 20 万元以上 100 万元以下的罚款；逾期不改正的，责令停止建设。”

十七、删去第二十六条、第二十七条。

十八、将第二十八条改为第二十三条，修改为：“违反本条例规定，需要配套建设的环境保护设施未建成、未经验收或者验收不合格，建设项目即投入生产或者使用，或者在环境保护设施验收中弄虚作假的，由县级以上环境保护行政主管部门责令限期改正，处 20 万元以上 100 万元以下的罚款；逾期不改正的，处 100 万元以上 200 万元以下的罚款；对直接负责的主管人员和其他责任人员，处 5 万元以上 20 万元以下的罚款；造成重大环境污染或者生态破坏的，责令停止生产或者使用，或者报经有批准权的人民政府批准，责令关闭。

“违反本条例规定，建设单位未依法向社会公开环境保护设施验收报告的，由县级以上环境保护行政主管部门责令公开，处 5 万元以上 20 万元以下的罚款，并予以公告。”

十九、增加一条，作为第二十四条：“违反本条例规定，技术机构向建设单位、从事环境影响评价工作的单位收取费用的，由县级以上环境保护行政主管部门责令退还所收费用，处所收费用 1 倍以上 3 倍以下的罚款。”

二十、将第二十九条改为第二十五条，修改为：“从事建设项目环境影响评价工作的单位，在环境影响评价工作中弄虚作假的，由县级以上环境保护行政主管部门处所收费用 1 倍以上 3 倍以下的罚款。”

二十一、将第三十二条改为第二十八条，并将该条中的“海洋石油勘探开发”修改为“海洋工程”。

本决定自 2017 年 10 月 1 日起施行。

《建设项目环境保护管理条例》根据本决定作相应修改并对条文序号作相应调整，重新公布。

建设项目环境保护管理条例

（1998 年 11 月 29 日中华人民共和国国务院令第 253 号发布　根据 2017 年 7 月 16 日《国务院关于修改〈建设项目环境保护管理条例〉的决定》修订）

第一章　总　则

第一条　为了防止建设项目产生新的污染、破坏生态环境，制定本条例。

第二条　在中华人民共和国领域和中华人民共和国管辖的其他海域内建设对环境有影响的建设项目，适用本条例。

第三条　建设产生污染的建设项目，必须遵守污染物排放的国家标准和地方标准；在实施重点污染物排放总量控制的区域内，还必须符合重点污染物排放总量控制的要求。

第四条　工业建设项目应当采用能耗物耗小、污染物产生量少的清洁生产工艺，合理利用自然资源，防止环境污染和生态破坏。

第五条　改建、扩建项目和技术改造项目必须采取措施，治理与该项目有关的原有环境污染和生态破坏。

第二章　环境影响评价

第六条　国家实行建设项目环境影响评价制度。

第七条　国家根据建设项目对环境的影响程度，按照下列规定对建设项目的环境保护实行分类管理：

（一）建设项目对环境可能造成重大影响的，应当编制环境影响报告书，对建设项目产生的污染和对环境的影响进行全面、详细的评价；

（二）建设项目对环境可能造成轻度影响的，应当编制环境影响报告表，对建设项目产生的污染和对环境的影响进行分析或者专项评价；

（三）建设项目对环境影响很小，不需要进行环境影响评价的，应当填报环境影响登记表。

建设项目环境影响评价分类管理名录，由国务院环境保护行政主管部门在组织专家进行论证和征求有关部门、行业协会、企事业单位、公众等意见的基础上制定并公布。

第八条 建设项目环境影响报告书，应当包括下列内容：

（一）建设项目概况；

（二）建设项目周围环境现状；

（三）建设项目对环境可能造成影响的分析和预测；

（四）环境保护措施及其经济、技术论证；

（五）环境影响经济损益分析；

（六）对建设项目实施环境监测的建议；

（七）环境影响评价结论。

建设项目环境影响报告表、环境影响登记表的内容和格式，由国务院环境保护行政主管部门规定。

第九条 依法应当编制环境影响报告书、环境影响报告表的建设项目，建设单位应当在开工建设前将环境影响报告书、环境影响报告表报有审批权的环境保护行政主管部门审批；建设项目的环境影响评价文件未依法经审批部门审查或者审查后未予批准的，建设单位不得开工建设。

环境保护行政主管部门审批环境影响报告书、环境影响报告表，应当重点审查建设项目的环境可行性、环境影响分析预测评估的可靠性、环境保护措施的有效性、环境影响评价结论的科学性等，并分别自收到环境影响报告书之日起 60 日内、收到环境影响报告表之日起 30 日内，作出审批决定并书面通知建设单位。

环境保护行政主管部门可以组织技术机构对建设项目环境影响报告书、环境影响报告表进行技术评估，并承担相应费用；技术机构应当对其提出的技术评估意见负责，不得向建设单位、从事环境影响评价工作的单位收取任何费用。

依法应当填报环境影响登记表的建设项目，建设单位应当按照国务院环境保护行政主管部门的规定将环境影响登记表报建设项目所在地县级环境保护行政主管部门备案。

环境保护行政主管部门应当开展环境影响评价文件网上审批、备案和信息公开。

第十条 国务院环境保护行政主管部门负责审批下列建设项目环境影响报告书、环境影响报告表：

（一）核设施、绝密工程等特殊性质的建设项目；

（二）跨省、自治区、直辖市行政区域的建设项目；

（三）国务院审批的或者国务院授权有关部门审批的建设项目。

前款规定以外的建设项目环境影响报告书、环境影响报告表的审批权限，由省、自治区、直辖市人民政府规定。

建设项目造成跨行政区域环境影响，有关环境保护行政主管部门对环境影响评价结论有争议的，其环境影响报告书或者环境影响报告表由共同上一级环境保护行政主管部门审批。

第十一条 建设项目有下列情形之一的，环境保护行政主管部门应当对环境影响报告书、环境影响报告表作出不予批准的决定：

（一）建设项目类型及其选址、布局、规模等不符合环境保护法律法规和相关法定规划；

（二）所在区域环境质量未达到国家或者地方环境质量标准，且建设项目拟采取的措施不能满足区域环境质量改善目标管理要求；

（三）建设项目采取的污染防治措施无法确保污染物排放达到国家和地方排放标准，或者未采取必要措施预防和控制生态破坏；

（四）改建、扩建和技术改造项目，未针对项目原有环境污染和生态破坏提出有效防治措施；

（五）建设项目的环境影响报告书、环境影响报告表的基础资料数据明显不实，内容存在重大缺陷、遗漏，或者环境影响评价结论不明确、不合理。

第十二条 建设项目环境影响报告书、环境影响报告表经批准后，建设项目的性质、规模、地点、采用的生产工艺或者防治污染、防止生态破坏的措施发生重大变动的，建设单位应当重新报批建设项目环境影响报告书、环境影响报告表。

建设项目环境影响报告书、环境影响报告表自批准之日起满5年，建设项目方开工建设的，其环境影响报告书、环境影响报告表应当报原审批部门重新审核。原审批部门应当自收到建设项目环境影响报告书、环境影响报告表之日起10日内，将审核意见书面通知建设单位；逾期未通知的，视为审核同意。

审核、审批建设项目环境影响报告书、环境影响报告表及备案环境影响登记表，不得收取任何费用。

第十三条 建设单位可以采取公开招标的方式，选择从事环境影响评价工作的单位，对建设项目进行环境影响评价。

任何行政机关不得为建设单位指定从事环境影响评价工作的单位，进行环境影响评价。

第十四条 建设单位编制环境影响报告书，应当依照有关法律规定，征求建设项目所在地有关单位和居民的意见。

第三章 环境保护设施建设

第十五条 建设项目需要配套建设的环境保护设施，必须与主体工程同时设计、同时施工、同时投产使用。

第十六条 建设项目的初步设计，应当按照环境保护设计规范的要求，编制环境保护篇章，落实防治环境污染和生态破坏的措施以及环境保护设施投资概算。

建设单位应当将环境保护设施建设纳入施工合同，保证环境保护设施建设进度和资金，并在项目建设过程中同时组织实施环境影响报告书、环境影响报告表及其审批部门审批决定中提出的环境保护对策措施。

第十七条 编制环境影响报告书、环境影响报告表的建设项目竣工后，建设单位应当按照国务院环境保护行政主管部门规定的标准和程序，对配套建设的环境保护设施进行验收，编制验收报告。

建设单位在环境保护设施验收过程中，应当如实查验、监测、记载建设项目环境保护设施的建设和调试情况，不得弄虚作假。

除按照国家规定需要保密的情形外，建设单位应当依法向社会公开验收报告。

第十八条 分期建设、分期投入生产或者使用的建设项目，其相应的环境保护设施应当分期验收。

第十九条 编制环境影响报告书、环境影响报告表的建设项目，其配套建设的环境保护设施经验收合格，方可投入生产或者使用；未经验收或者验收不合格的，不得投入生产或者使用。

前款规定的建设项目投入生产或者使用后，应当按照国务院环境保护行政主管部门的规定开展环境影响后评价。

第二十条 环境保护行政主管部门应当对建设项目环境保护设施设计、施工、验收、投入生产或者使用情况，以及有关环境影响评价文件确定的其他环境保护措施的落实情况，进行监督检查。

环境保护行政主管部门应当将建设项目有关环境违法信息记入社会诚信档案，及时向社会公开违法者名单。

第四章 法律责任

第二十一条 单位有下列行为之一的，依照《中华人民共和国环境影响评价法》的规定处罚：

（一）建设项目环境影响报告书、环境影响报告表未依法报批或者报请重新审核，擅自开工建设；

（二）建设项目环境影响报告书、环境影响报告表未经批准或者重新审核同意，擅自开工建设；

（三）建设项目环境影响登记表未依法备案。

第二十二条 违反本条例规定，建设单位编制建设项目初步设计未落实防治环境污染和生态破坏的措施以及环境保护设施投资概算，未将环境保护设施建设纳入施工合同，或者未依法开展环境影响后评价的，由建设项目所在地县级以上环境保护行政主管部门责令限期改正，处5万元以上20万元以下的罚款；逾期不改正的，处20万元以上100万元以下的罚款。

违反本条例规定，建设单位在项目建设过程中未同时组织实施环境影响报告书、环境影响报告表及其审批部门审批决定中提出的环境保护对策措施的，由建设项目所在地县级以上环境保护行政主管部门责令限期改正，处20万元以上100万元以下的罚款；逾期不改正的，责令停止建设。

第二十三条 违反本条例规定，需要配套建设的环境保护设施未建成、未经验收或者验收不合格，建设项目即投入生产或者使用，或者在环境保护设施验收中弄虚作假的，由县级以上环境保护行政主管部门责令限期改正，处20万元以上100万元以下的罚款；逾期不改正的，处100万元以上200万元以下的罚款；对直接负责的主管人员和其他责任人员，处5万元以上20万元以下的罚款；造成重大环境污染或者生态破坏的，责令停止生产或者使用，或者报经有批准权的人民政府批准，责令关闭。

违反本条例规定，建设单位未依法向社会公开环境保护设施验收报告的，由县级以上环境保护行政主管部门责令公开，处5万元以上20万元以下的罚款，并予以公告。

第二十四条 违反本条例规定，技术机构向建设单位、从事环境影响评价工作的单位收取费用的，由县级以上环境保护行政主管部门责令退还所收费用，处所收费用1倍以上3倍以下的罚款。

第二十五条 从事建设项目环境影响评价工作的单位，在环境影响评价工作中弄虚作假的，由县级以上环境保护行政主管部门处所收费用1倍以上3倍以下的罚款。

第二十六条 环境保护行政主管部门的工作人员徇私舞弊、滥用职权、玩忽职守，构成犯罪的，依法追究刑事责任；尚不构成犯罪的，依法给予行政处分。

第五章 附 则

第二十七条 流域开发、开发区建设、城市新区建设和旧区改建等区域性开发，编制建设规划时，应当进行环境影响评价。具体办法由国务院环境保护行政主管部门会同国务院有关部门另行规定。

第二十八条 海洋工程建设项目的环境保护管理，按照国务院关于海洋工程环境保护管理的规定执行。

第二十九条 军事设施建设项目的环境保护管理，按照中央军事委员会的有关规定执行。

第三十条 本条例自发布之日起施行。

中华人民共和国国务院令

第 559 号

《规划环境影响评价条例》已经 2009 年 8 月 12 日国务院第 76 次常务会议通过，现予公布，自 2009 年 10 月 1 日起施行。

总　理　温家宝

二〇〇九年八月十七日

规划环境影响评价条例

第一章　总　则

第一条　为了加强对规划的环境影响评价工作，提高规划的科学性，从源头预防环境污染和生态破坏，促进经济、社会和环境的全面协调可持续发展，根据《中华人民共和国环境影响评价法》，制定本条例。

第二条　国务院有关部门、设区的市级以上地方人民政府及其有关部门，对其组织编制的土地利用的有关规划和区域、流域、海域的建设、开发利用规划（以下称综合性规划），以及工业、农业、畜牧业、林业、能源、水利、交通、城市建设、旅游、自然资源开发的有关专项规划（以下称专项规划），应当进行环境影响评价。

依照本条第一款规定应当进行环境影响评价的规划的具体范围，由国务院环境保护主管部门会同国务院有关部门拟订，报国务院批准后执行。

第三条　对规划进行环境影响评价，应当遵循客观、公开、公正的原则。

第四条　国家建立规划环境影响评价信息共享制度。

县级以上人民政府及其有关部门应当对规划环境影响评价所需资料实行信息共享。

第五条　规划环境影响评价所需的费用应当按照预算管理的规定纳入财政预

算，严格支出管理，接受审计监督。

第六条 任何单位和个人对违反本条例规定的行为或者对规划实施过程中产生的重大不良环境影响，有权向规划审批机关、规划编制机关或者环境保护主管部门举报。有关部门接到举报后，应当依法调查处理。

第二章 评 价

第七条 规划编制机关应当在规划编制过程中对规划组织进行环境影响评价。

第八条 对规划进行环境影响评价，应当分析、预测和评估以下内容：

（一）规划实施可能对相关区域、流域、海域生态系统产生的整体影响；

（二）规划实施可能对环境和人群健康产生的长远影响；

（三）规划实施的经济效益、社会效益与环境效益之间以及当前利益与长远利益之间的关系。

第九条 对规划进行环境影响评价，应当遵守有关环境保护标准以及环境影响评价技术导则和技术规范。

规划环境影响评价技术导则由国务院环境保护主管部门会同国务院有关部门制定；规划环境影响评价技术规范由国务院有关部门根据规划环境影响评价技术导则制定，并抄送国务院环境保护主管部门备案。

第十条 编制综合性规划，应当根据规划实施后可能对环境造成的影响，编写环境影响篇章或者说明。

编制专项规划，应当在规划草案报送审批前编制环境影响报告书。编制专项规划中的指导性规划，应当依照本条第一款规定编写环境影响篇章或者说明。

本条第二款所称指导性规划是指以发展战略为主要内容的专项规划。

第十一条 环境影响篇章或者说明应当包括下列内容：

（一）规划实施对环境可能造成影响的分析、预测和评估。主要包括资源环境承载能力分析、不良环境影响的分析和预测以及与相关规划的环境协调性分析。

（二）预防或者减轻不良环境影响的对策和措施。主要包括预防或者减轻不良环境影响的政策、管理或者技术等措施。

环境影响报告书除包括上述内容外，还应当包括环境影响评价结论。主要包括规划草案的环境合理性和可行性，预防或者减轻不良环境影响的对策和措施的合理性和有效性，以及规划草案的调整建议。

第十二条 环境影响篇章或者说明、环境影响报告书（以下称环境影响评价文件），由规划编制机关编制或者组织规划环境影响评价技术机构编制。规划编制机关应当对环境影响评价文件的质量负责。

第十三条 规划编制机关对可能造成不良环境影响并直接涉及公众环境权益的专项规划，应当在规划草案报送审批前，采取调查问卷、座谈会、论证会、听证会等形式，公开征求有关单位、专家和公众对环境影响报告书的意见。但是，依法需要保密的除外。

有关单位、专家和公众的意见与环境影响评价结论有重大分歧的，规划编制机关应当采取论证会、听证会等形式进一步论证。

规划编制机关应当在报送审查的环境影响报告书中附具对公众意见采纳与不采纳情况及其理由的说明。

第十四条 对已经批准的规划在实施范围、适用期限、规模、结构和布局等方面进行重大调整或者修订的，规划编制机关应当依照本条例的规定重新或者补充进行环境影响评价。

第三章 审 查

第十五条 规划编制机关在报送审批综合性规划草案和专项规划中的指导性规划草案时，应当将环境影响篇章或者说明作为规划草案的组成部分一并报送规划审批机关。未编写环境影响篇章或者说明的，规划审批机关应当要求其补充；未补充的，规划审批机关不予审批。

第十六条 规划编制机关在报送审批专项规划草案时，应当将环境影响报告书一并附送规划审批机关审查；未附送环境影响报告书的，规划审批机关应当要求其补充；未补充的，规划审批机关不予审批。

第十七条 设区的市级以上人民政府审批的专项规划，在审批前由其环境保护主管部门召集有关部门代表和专家组成审查小组，对环境影响报告书进行审查。审查小组应当提交书面审查意见。

省级以上人民政府有关部门审批的专项规划，其环境影响报告书的审查办法，由国务院环境保护主管部门会同国务院有关部门制定。

第十八条 审查小组的专家应当从依法设立的专家库内相关专业的专家名单中随机抽取。但是，参与环境影响报告书编制的专家，不得作为该环境影响报告书审查小组的成员。

审查小组中专家人数不得少于审查小组总人数的二分之一；少于二分之一的，

审查小组的审查意见无效。

第十九条 审查小组的成员应当客观、公正、独立地对环境影响报告书提出书面审查意见，规划审批机关、规划编制机关、审查小组的召集部门不得干预。

审查意见应当包括下列内容：

（一）基础资料、数据的真实性；

（二）评价方法的适当性；

（三）环境影响分析、预测和评估的可靠性；

（四）预防或者减轻不良环境影响的对策和措施的合理性和有效性；

（五）公众意见采纳与不采纳情况及其理由的说明的合理性；

（六）环境影响评价结论的科学性。

审查意见应当经审查小组四分之三以上成员签字同意。审查小组成员有不同意见的，应当如实记录和反映。

第二十条 有下列情形之一的，审查小组应当提出对环境影响报告书进行修改并重新审查的意见：

（一）基础资料、数据失实的；

（二）评价方法选择不当的；

（三）对不良环境影响的分析、预测和评估不准确、不深入，需要进一步论证的；

（四）预防或者减轻不良环境影响的对策和措施存在严重缺陷的；

（五）环境影响评价结论不明确、不合理或者错误的；

（六）未附具对公众意见采纳与不采纳情况及其理由的说明，或者不采纳公众意见的理由明显不合理的；

（七）内容存在其他重大缺陷或者遗漏的。

第二十一条 有下列情形之一的，审查小组应当提出不予通过环境影响报告书的意见：

（一）依据现有知识水平和技术条件，对规划实施可能产生的不良环境影响的程度或者范围不能作出科学判断的；

（二）规划实施可能造成重大不良环境影响，并且无法提出切实可行的预防或者减轻对策和措施的。

第二十二条 规划审批机关在审批专项规划草案时，应当将环境影响报告书结论以及审查意见作为决策的重要依据。

规划审批机关对环境影响报告书结论以及审查意见不予采纳的，应当逐项就不予采纳的理由作出书面说明，并存档备查。有关单位、专家和公众可以申请查阅；但是，依法需要保密的除外。

第二十三条 已经进行环境影响评价的规划包含具体建设项目的，规划的环境影响评价结论应当作为建设项目环境影响评价的重要依据，建设项目环境影响评价的内容可以根据规划环境影响评价的分析论证情况予以简化。

第四章 跟踪评价

第二十四条 对环境有重大影响的规划实施后，规划编制机关应当及时组织规划环境影响的跟踪评价，将评价结果报告规划审批机关，并通报环境保护等有关部门。

第二十五条 规划环境影响的跟踪评价应当包括下列内容：

（一）规划实施后实际产生的环境影响与环境影响评价文件预测可能产生的环境影响之间的比较分析和评估；

（二）规划实施中所采取的预防或者减轻不良环境影响的对策和措施有效性的分析和评估；

（三）公众对规划实施所产生的环境影响的意见；

（四）跟踪评价的结论。

第二十六条 规划编制机关对规划环境影响进行跟踪评价，应当采取调查问卷、现场走访、座谈会等形式征求有关单位、专家和公众的意见。

第二十七条 规划实施过程中产生重大不良环境影响的，规划编制机关应当及时提出改进措施，向规划审批机关报告，并通报环境保护等有关部门。

第二十八条 环境保护主管部门发现规划实施过程中产生重大不良环境影响的，应当及时进行核查。经核查属实的，向规划审批机关提出采取改进措施或者修订规划的建议。

第二十九条 规划审批机关在接到规划编制机关的报告或者环境保护主管部门的建议后，应当及时组织论证，并根据论证结果采取改进措施或者对规划进行修订。

第三十条 规划实施区域的重点污染物排放总量超过国家或者地方规定的总量控制指标的，应当暂停审批该规划实施区域内新增该重点污染物排放总量的建设项目的环境影响评价文件。

第五章　法律责任

第三十一条　规划编制机关在组织环境影响评价时弄虚作假或者有失职行为，造成环境影响评价严重失实的，对直接负责的主管人员和其他直接责任人员，依法给予处分。

第三十二条　规划审批机关有下列行为之一的，对直接负责的主管人员和其他直接责任人员，依法给予处分：

（一）对依法应当编写而未编写环境影响篇章或者说明的综合性规划草案和专项规划中的指导性规划草案，予以批准的；

（二）对依法应当附送而未附送环境影响报告书的专项规划草案，或者对环境影响报告书未经审查小组审查的专项规划草案，予以批准的。

第三十三条　审查小组的召集部门在组织环境影响报告书审查时弄虚作假或者滥用职权，造成环境影响评价严重失实的，对直接负责的主管人员和其他直接责任人员，依法给予处分。

审查小组的专家在环境影响报告书审查中弄虚作假或者有失职行为，造成环境影响评价严重失实的，由设立专家库的环境保护主管部门取消其入选专家库的资格并予以公告；审查小组的部门代表有上述行为的，依法给予处分。

第三十四条　规划环境影响评价技术机构弄虚作假或者有失职行为，造成环境影响评价文件严重失实的，由国务院环境保护主管部门予以通报，处所收费用 1 倍以上 3 倍以下的罚款；构成犯罪的，依法追究刑事责任。

第六章　附　则

第三十五条　省、自治区、直辖市人民政府可以根据本地的实际情况，要求本行政区域内的县级人民政府对其组织编制的规划进行环境影响评价。具体办法由省、自治区、直辖市参照《中华人民共和国环境影响评价法》和本条例的规定制定。

第三十六条　本条例自 2009 年 10 月 1 日起施行。

二、部门规章

建设项目环境影响评价分类管理名录

（2017 年 6 月 29 日环境保护部令第 44 号公布　根据 2018 年 4 月 28 日公布的《关于修改〈建设项目环境影响评价分类管理名录〉部分内容的决定》修正）

第一条　为了实施建设项目环境影响评价分类管理，根据《中华人民共和国环境影响评价法》第十六条的规定，制定本名录。

第二条　根据建设项目特征和所在区域的环境敏感程度，综合考虑建设项目可能对环境产生的影响，对建设项目的环境影响评价实行分类管理。

建设单位应当按照本名录的规定，分别组织编制建设项目环境影响报告书、环境影响报告表或者填报环境影响登记表。

第三条　本名录所称环境敏感区是指依法设立的各级各类保护区域和对建设项目产生的环境影响特别敏感的区域，主要包括生态保护红线范围内或者其外的下列区域：

（一）自然保护区、风景名胜区、世界文化和自然遗产地、海洋特别保护区、饮用水水源保护区；

（二）基本农田保护区、基本草原、森林公园、地质公园、重要湿地、天然林、野生动物重要栖息地、重点保护野生植物生长繁殖地、重要水生生物的自然产卵场、索饵场、越冬场和洄游通道、天然渔场、水土流失重点防治区、沙化土地封禁保护区、封闭及半封闭海域；

（三）以居住、医疗卫生、文化教育、科研、行政办公等为主要功能的区域，以及文物保护单位。

第四条　建设单位应当严格按照本名录确定建设项目环境影响评价类别，不得擅自改变环境影响评价类别。

环境影响评价文件应当就建设项目对环境敏感区的影响作重点分析。

第五条　跨行业、复合型建设项目，其环境影响评价类别按其中单项等级最高的确定。

第六条　本名录未作规定的建设项目，其环境影响评价类别由省级生态环境主管部门根据建设项目的污染因子、生态影响因子特征及其所处环境的敏感性质和敏感程度提出建议，报生态环境部认定。

第七条 本名录由生态环境部负责解释，并适时修订公布。

第八条 本名录自 2017 年 9 月 1 日起施行。2015 年 4 月 9 日公布的原《建设项目环境影响评价分类管理名录》（环境保护部令　第 33 号）同时废止。

环评类别 项目类别		报告书	报告表	登记表	本栏目环境敏感区含义
一、畜牧业					
1	畜禽养殖场、养殖小区	年出栏生猪 5000 头（其他畜禽种类折合猪的养殖规模）及以上；涉及环境敏感区的	—	其他	第三条（一）中的全部区域；第三条（三）中的全部区域
二、农副食品加工业					
2	粮食及饲料加工	含发酵工艺的	年加工 1 万吨及以上的	其他	
3	植物油加工	—	除单纯分装和调和外的	单纯分装或调和的	
4	制糖、糖制品加工	原糖生产	其他（单纯分装的除外）	单纯分装的	
5	屠宰	年屠宰生猪 10 万头、肉牛 1 万头、肉羊 15 万只、禽类 1000 万只及以上	其他	—	
6	肉禽类加工	—	年加工 2 万吨及以上	其他	
7	水产品加工	—	鱼油提取及制品制造；年加工 10 万吨及以上的；涉及环境敏感区的	其他	第三条（一）中的全部区域；第三条（二）中的全部区域
8	淀粉、淀粉糖	含发酵工艺的	其他（单纯分装除外）	单纯分装的	
9	豆制品制造	—	除手工制作和单纯分装外的	手工制作或单纯分装的	
10	蛋品加工	—	—	全部	

项目类别 \ 环评类别		报告书	报告表	登记表	本栏目环境敏感区含义
三、食品制造业					
11	方便食品制造	—	除手工制作和单纯分装外的	手工制作或单纯分装的	
12	乳制品制造	—	除单纯分装外的	单纯分装的	
13	调味品、发酵制品制造	含发酵工艺的味精、柠檬酸、赖氨酸制造	其他（单纯分装的除外）	单纯分装的	
14	盐加工	—	全部	—	
15	饲料添加剂、食品添加剂制造	—	除单纯混合和分装外的	单纯混合或分装的	
16	营养食品、保健食品、冷冻饮品、食用冰制造及其他食品制造	—	除手工制作和单纯分装外的	手工制作或单纯分装的	
四、酒、饮料制造业					
17	酒精饮料及酒类制造	有发酵工艺的（以水果或水果汁为原料年生产能力1000千升以下的除外）	其他（单纯勾兑的除外）	单纯勾兑的	
18	果菜汁类及其他软饮料制造	—	除单纯调制外的	单纯调制的	
五、烟草制品业					
19	卷烟	—	全部	—	
六、纺织业					
20	纺织品制造	有洗毛、染整、脱胶工段的；产生缫丝废水、精炼废水的	其他（编织物及其制品制造除外）	编织物及其制品制造	
七、纺织服装、服饰业					
21	服装制造	有湿法印花、染色、水洗工艺的	新建年加工100万件及以上	其他	
八、皮革、毛皮、羽毛及其制品和制鞋业					
22	皮革、毛皮、羽毛（绒）制品	制革、毛皮鞣制	其他	—	

项目类别 \ 环评类别		报告书	报告表	登记表	本栏目环境敏感区含义
23	制鞋业	—	使用有机溶剂的	其他	
九、木材加工和木、竹、藤、棕、草制品业					
24	锯材、木片加工、木制品制造	有电镀或喷漆工艺且年用油性漆量（含稀释剂）10 吨及以上的	其他	—	
25	人造板制造	年产 20 万立方米及以上	其他	—	
26	竹、藤、棕、草制品制造	有喷漆工艺且年用油性漆量（含稀释剂）10 吨及以上的	有化学处理工艺的；有喷漆工艺且年用油性漆量（含稀释剂）10 吨以下的，或使用水性漆的	其他	
十、家具制造业					
27	家具制造	有电镀或喷漆工艺且年用油性漆量（含稀释剂）10 吨及以上的	其他	—	
十一、造纸和纸制品业					
28	纸浆、溶解浆、纤维浆等制造；造纸（含废纸造纸）	全部	—	—	
29	纸制品制造	—	有化学处理工艺的	其他	
十二、印刷和记录媒介复制业					
30	印刷厂；磁材料制品	—	全部	—	
十三、文教、工美、体育和娱乐用品制造业					
31	文教、体育、娱乐用品制造	—	全部	—	
32	工艺品制造	有电镀或喷漆工艺且年用油性漆量（含稀释剂）10 吨及以上的	有喷漆工艺且年用油性漆量（含稀释剂）10 吨以下的，或使用水性漆的；有机加工的	其他	

项目类别 \ 环评类别		报告书	报告表	登记表	本栏目环境敏感区含义
十四、石油加工、炼焦业					
33	原油加工、天然气加工、油母页岩等提炼原油、煤制油、生物制油及其他石油制品	全部	—	—	
34	煤化工（含煤炭液化、气化）	全部	—	—	
35	炼焦、煤炭热解、电石	全部	—	—	
十五、化学原料和化学制品制造业					
36	基本化学原料制造；农药制造；涂料、染料、颜料、油墨及其类似产品制造；合成材料制造；专用化学品制造；炸药、火工及焰火产品制造；水处理剂等制造	除单纯混合和分装外的	单纯混合或分装的	—	
37	肥料制造	化学肥料（单纯混合和分装的除外）	其他	—	
38	半导体材料	全部	—	—	
39	日用化学品制造	除单纯混合和分装外的	单纯混合或分装的	—	
十六、医药制造业					
40	化学药品制造；生物、生化制品制造	全部	—	—	

项目类别 \ 环评类别		报告书	报告表	登记表	本栏目环境敏感区含义
41	单纯药品分装、复配	—	全部	—	
42	中成药制造、中药饮片加工	有提炼工艺的	其他	—	
43	卫生材料及医药用品制造	—	全部	—	
十七、化学纤维制造业					
44	化学纤维制造	除单纯纺丝外的	单纯纺丝	—	
45	生物质纤维素乙醇生产	全部	—	—	
十八、橡胶和塑料制品业					
46	轮胎制造、再生橡胶制造、橡胶加工、橡胶制品制造及翻新	轮胎制造；有炼化及硫化工艺的	其他	—	
47	塑料制品制造	人造革、发泡胶等涉及有毒原材料的；以再生塑料为原料的；有电镀或喷漆工艺且年用油性漆量（含稀释剂）10吨及以上的	其他	—	
十九、非金属矿物制品业					
48	水泥制造	全部	—	—	
49	水泥粉磨站	—	全部	—	
50	砼结构构件制造、商品混凝土加工	—	全部	—	
51	石灰和石膏制造、石材加工、人造石制造、砖瓦制造	—	全部	—	

环评类别 项目类别		报告书	报告表	登记表	本栏目环境敏感区含义
52	玻璃及玻璃制品	平板玻璃制造	其他玻璃制造；以煤、油、天然气为燃料加热的玻璃制品制造	—	
53	玻璃纤维及玻璃纤维增强塑料制品	—	全部	—	
54	陶瓷制品	年产建筑陶瓷 100 万平方米及以上；年产卫生陶瓷 150 万件及以上；年产日用陶瓷 250 万件及以上	其他	—	
55	耐火材料及其制品	石棉制品	其他	—	
56	石墨及其他非金属矿物制品	含焙烧的石墨、碳素制品	其他	—	
57	防水建筑材料制造、沥青搅拌站、干粉砂浆搅拌站	—	全部	—	
二十、黑色金属冶炼和压延加工业					
58	炼铁、球团、烧结	全部	—	—	
59	炼钢	全部	—	—	
60	黑色金属铸造	年产 10 万吨及以上	其他	—	
61	压延加工	黑色金属年产 50 万吨及以上的冷轧	其他	—	
62	铁合金制造；锰、铬冶炼	全部	—	—	
二十一、有色金属冶炼和压延加工业					
63	有色金属冶炼（含再生有色金属冶炼）	全部	—	—	

环评类别 项目类别		报告书	报告表	登记表	本栏目环境敏感区含义
64	有色金属合金制造	全部	—	—	
65	有色金属铸造	年产10万吨及以上	其他	—	
66	压延加工	—	全部	—	
二十二、金属制品业					
67	金属制品加工制造	有电镀或喷漆工艺且年用油性漆量（含稀释剂）10吨及以上的	其他（仅切割组装除外）	仅切割组装的	
68	金属制品表面处理及热处理加工	有电镀工艺的；使用有机涂层的（喷粉、喷塑和电泳除外）；有钝化工艺的热镀锌	其他	—	
二十三、通用设备制造业					
69	通用设备制造及维修	有电镀或喷漆工艺且年用油性漆量（含稀释剂）10吨及以上的	其他（仅组装的除外）	仅组装的	
二十四、专用设备制造业					
70	专用设备制造及维修	有电镀或喷漆工艺且年用油性漆量（含稀释剂）10吨及以上的	其他（仅组装的除外）	仅组装的	
二十五、汽车制造业					
71	汽车制造	整车制造（仅组装的除外）；发动机生产；有电镀或喷漆工艺且年用油性漆量（含稀释剂）10吨及以上的零部件生产	其他	—	
二十六、铁路、船舶、航空航天和其他运输设备制造业					
72	铁路运输设备制造及修理	机车、车辆、动车组制造；发动机生产；有电镀或喷漆工艺且年用油性漆量（含稀释剂）10吨及以上的零部件生产	其他	—	

项目类别 \ 环评类别		报告书	报告表	登记表	本栏目环境敏感区含义
73	船舶和相关装置制造及维修	有电镀或喷漆工艺且年用油性漆量（含稀释剂）10吨及以上的；拆船、修船厂	其他	—	
74	航空航天器制造	有电镀或喷漆工艺且年用油性漆量（含稀释剂）10吨及以上的	其他	—	
75	摩托车制造	整车制造（仅组装的除外）；发动机生产；有电镀或喷漆工艺且年用油性漆量（含稀释剂）10吨及以上的零部件生产	其他	—	
76	自行车制造	有电镀或喷漆工艺且年用油性漆量（含稀释剂）10吨及以上的	其他	—	
77	交通器材及其他交通运输设备制造	有电镀或喷漆工艺且年用油性漆量（含稀释剂）10吨及以上的	其他（仅组装的除外）	仅组装的	
二十七、电气机械和器材制造业					
78	电气机械及器材制造	有电镀或喷漆工艺且年用油性漆量（含稀释剂）10吨及以上的；铅蓄电池制造	其他（仅组装的除外）	仅组装的	
79	太阳能电池片	太阳能电池片生产	其他	—	
二十八、计算机、通信和其他电子设备制造业					
80	计算机制造	—	显示器件；集成电路；有分割、焊接、酸洗或有机溶剂清洗工艺的	其他	
81	智能消费设备制造	—	全部	—	
82	电子器件制造	—	显示器件；集成电路；有分割、焊接、酸洗或有机溶剂清洗工艺的	其他	

项目类别 \ 环评类别		报告书	报告表	登记表	本栏目环境敏感区含义
83	电子元件及电子专用材料制造	—	印刷电路板；电子专用材料；有分割、焊接、酸洗或有机溶剂清洗工艺的	—	
84	通信设备制造、广播电视设备制造、雷达及配套设备制造、非专业视听设备制造及其他电子设备制造	—	全部	—	
二十九、仪器仪表制造业					
85	仪器仪表制造	有电镀或喷漆工艺且年用油性漆量（含稀释剂）10 吨及以上的	其他（仅组装的除外）	仅组装的	
三十、废弃资源综合利用业					
86	废旧资源（含生物质）加工、再生利用	废电子电器产品、废电池、废汽车、废电机、废五金、废塑料（除分拣清洗工艺的）、废油、废船、废轮胎等加工、再生利用	其他	—	
三十一、电力、热力生产和供应业					
87	火力发电（含热电）	除燃气发电工程外的	燃气发电	—	
88	综合利用发电	利用矸石、油页岩、石油焦等发电	单纯利用余热、余压、余气（含煤层气）发电	—	
89	水力发电	总装机 1000 千瓦及以上；抽水蓄能电站；涉及环境敏感区的	其他	—	第三条（一）中的全部区域；第三条（二）中的重要水生生物的自然产卵场、索饵场、越冬场和洄游通道

项目类别 \ 环评类别		报告书	报告表	登记表	本栏目环境敏感区含义
90	生物质发电	生活垃圾、污泥发电	利用农林生物质、沼气发电、垃圾填埋气发电	—	
91	其他能源发电	海上潮汐电站、波浪电站、温差电站等；涉及环境敏感区的总装机容量5万千瓦及以上的风力发电	利用地热、太阳能热等发电；地面集中光伏电站（总容量大于6000千瓦，且接入电压等级不小于10千伏）；其他风力发电	其他光伏发电	第三条（一）中的全部区域；第三条（二）中的重要水生生物的自然产卵场、索饵场、天然渔场；第三条（三）中的全部区域
92	热力生产和供应工程	燃煤、燃油锅炉总容量65吨/小时（不含）以上	其他（电热锅炉除外）	—	
三十二、燃气生产和供应业					
93	煤气生产和供应工程	煤气生产	煤气供应	—	
94	城市天然气供应工程	—	全部	—	
三十三、水的生产和供应业					
95	自来水生产和供应工程	—	全部	—	
96	生活污水集中处理	新建、扩建日处理10万吨及以上	其他	—	
97	工业废水处理	新建、扩建集中处理的	其他	—	
98	海水淡化、其他水处理和利用	—	全部	—	
三十四、环境治理业					
99	脱硫、脱硝、除尘、VOCs治理等工程	—	新建脱硫、脱硝、除尘	其他	

项目类别 \ 环评类别		报告书	报告表	登记表	本栏目环境敏感区含义
100	危险废物（含医疗废物）利用及处置	利用及处置的（单独收集、病死动物化尸窖（井）除外）	其他	—	
101	一般工业固体废物（含污泥）处置及综合利用	采取填埋和焚烧方式的	其他	—	
102	污染场地治理修复	—	全部	—	
三十五、公共设施管理业					
103	城镇生活垃圾转运站	—	全部	—	
104	城镇生活垃圾（含餐厨废弃物）集中处置	全部	—	—	
105	城镇粪便处置工程	—	日处理50吨及以上	其他	
三十六、房地产					
106	房地产开发、宾馆、酒店、办公用房、标准厂房等	—	涉及环境敏感区的；需自建配套污水处理设施的	其他	第三条（一）中的全部区域；第三条（二）中的基本农田保护区、基本草原、森林公园、地质公园、重要湿地、天然林、野生动物重要栖息地、重点保护野生植物生长繁殖地；第三条（三）中的文物保护单位，针对标准厂房增加第三条（三）中的以居住、医疗卫生、文化教育、科研、行政办公等为主要功能的区域

项目类别＼环评类别		报告书	报告表	登记表	本栏目环境敏感区含义
三十七、研究和试验发展					
107	专业实验室	P3、P4 生物安全实验室；转基因实验室	其他	—	
108	研发基地	含医药、化工类等专业中试内容的	其他	—	
三十八、专业技术服务业					
109	矿产资源地质勘查（含勘探活动和油气资源勘探）	—	除海洋油气勘探工程外的	海洋油气勘探工程	
110	动物医院	—	全部	—	
三十九、卫生					
111	医院、专科防治院（所、站）、社区医疗、卫生院（所、站）、血站、急救中心、妇幼保健院、疗养院等其他卫生机构	新建、扩建床位 500 张及以上的	其他（20 张床位以下的除外）	20 张床位以下的	
112	疾病预防控制中心	新建	其他	—	
四十、社会事业与服务业					
113	学校、幼儿园、托儿所、福利院、养老院	—	涉及环境敏感区的；有化学、生物等实验室的学校	其他（建筑面积 5000 平方米以下的除外）	第三条（一）中的全部区域；第三条（二）中的基本农田保护区、基本草原、森林公园、地质公园、重要湿地、天然林、野生动物重要栖息地、重点保护野生植物生长繁殖地

项目类别 \ 环评类别		报告书	报告表	登记表	本栏目环境敏感区含义
114	批发、零售市场	—	涉及环境敏感区的	其他	第三条（一）中的全部区域；第三条（二）中的基本农田保护区、基本草原、森林公园、地质公园、重要湿地、天然林、野生动物重要栖息地、重点保护野生植物生长繁殖地；第三条（三）中的文物保护单位
115	餐饮、娱乐、洗浴场所	—	—	全部	
116	宾馆饭店及医疗机构衣物集中洗涤、餐具集中清洗消毒	—	需自建配套污水处理设施的	其他	
117	高尔夫球场、滑雪场、狩猎场、赛车场、跑马场、射击场、水上运动中心	高尔夫球场	其他	—	
118	展览馆、博物馆、美术馆、影剧院、音乐厅、文化馆、图书馆、档案馆、纪念馆、体育场、体育馆等	—	涉及环境敏感区的	其他	第三条（一）中的全部区域；第三条（二）中的基本农田保护区、基本草原、森林公园、地质公园、重要湿地、天然林、野生动物重要栖息地、重点保护野生植物生长繁殖地；第三条（三）中的文物保护单位
119	公园（含动物园、植物园、主题公园）	特大型、大型主题公园	其他（城市公园和植物园除外）	城市公园、植物园	

项目类别 \ 环评类别		报告书	报告表	登记表	本栏目环境敏感区含义
120	旅游开发	涉及环境敏感区的缆车、索道建设；海上娱乐及运动、海上景观开发	其他	—	第三条（一）中的全部区域；第三条（二）中的森林公园、地质公园、重要湿地、天然林、野生动物重要栖息地、重点保护野生植物生长繁殖地、重要水生生物的自然产卵场、索饵场、越冬场和洄游通道、封闭及半封闭海域；第三条（三）中的文物保护单位
121	影视基地建设	涉及环境敏感区的	其他	—	第三条（一）中的全部区域；第三条（二）中的基本草原、森林公园、地质公园、重要湿地、天然林、野生动物重要栖息地、重点保护野生植物生长繁殖地；第三条（三）中的全部区域
122	胶片洗印厂	—	全部	—	
123	驾驶员训练基地、公交枢纽、大型停车场、机动车检测场	—	涉及环境敏感区的	其他	第三条（一）中的全部区域；第三条（二）中的基本农田保护区、基本草原、森林公园、地质公园、重要湿地、天然林、野生动物重要栖息地、重点保护野生植物生长繁殖地；第三条（三）中的文物保护单位
124	加油、加气站	—	新建、扩建	其他	

项目类别 \ 环评类别		报告书	报告表	登记表	本栏目环境敏感区含义
125	洗车场	—	涉及环境敏感区的；危险化学品运输车辆清洗场	其他	第三条（一）中的全部区域；第三条（二）中的基本农田保护区、基本草原、森林公园、地质公园、重要湿地、天然林、野生动物重要栖息地、重点保护野生植物生长繁殖地；第三条（三）中的全部区域
126	汽车、摩托车维修场所	—	涉及环境敏感区的；有喷漆工艺的	其他	第三条（一）中的全部区域；第三条（三）中的全部区域
127	殡仪馆、陵园、公墓	—	殡仪馆；涉及环境敏感区的	其他	第三条（一）中的全部区域；第三条（二）中的基本农田保护区；第三条（三）中的全部区域
四十一、煤炭开采和洗选业					
128	煤炭开采	全部	—	—	
129	洗选、配煤	—	全部	—	
130	煤炭储存、集运	—	全部	—	
131	型煤、水煤浆生产	—	全部	—	
四十二、石油和天然气开采业					
132	石油、页岩油开采	石油开采新区块开发；页岩油开采	其他	—	
133	天然气、页岩气、砂岩气开采（含净化、液化）	新区块开发	其他	—	
134	煤层气开采（含净化、液化）	年生产能力 1 亿立方米及以上；涉及环境敏感区的	其他	—	第三条（一）中的全部区域；第三条（二）中的基本草原、水土流失重点防治区、沙化土地封禁保护区；第三条（三）中的全部区域

项目类别＼环评类别		报告书	报告表	登记表	本栏目环境敏感区含义
四十三、黑色金属矿采选业					
135	黑色金属矿采选（含单独尾矿库）	全部	—	—	
四十四、有色金属矿采选业					
136	有色金属矿采选（含单独尾矿库）	全部	—	—	
四十五、非金属矿采选业					
137	土砂石、石材开采加工	涉及环境敏感区的	其他	—	第三条（一）中的全部区域；第三条（二）中的基本草原、重要水生生物的自然产卵场、索饵场、越冬场和洄游通道、沙化土地封禁保护区、水土流失重点防治区
138	化学矿采选	全部	—	—	
139	采盐	井盐	湖盐、海盐	—	
140	石棉及其他非金属矿采选	全部	—	—	
四十六、水利					
141	水库	库容 1000 万立方米及以上；涉及环境敏感区的	其他	—	第三条（一）中的全部区域；第三条（二）中的重要水生生物的自然产卵场、索饵场、越冬场和洄游通道
142	灌区工程	新建 5 万亩及以上；改造 30 万亩及以上	其他	—	
143	引水工程	跨流域调水；大中型河流引水；小型河流年总引水量占天然年径流量 1/4 及以上；涉及环境敏感区的	其他	—	第三条（一）中的全部区域；第三条（二）中的重要水生生物的自然产卵场、索饵场、越冬场和洄游通道
144	防洪治涝工程	新建大中型	其他（小型沟渠的护坡除外）	—	

项目类别 \ 环评类别		报告书	报告表	登记表	本栏目环境敏感区含义
145	河湖整治	涉及环境敏感区的	其他	—	第三条（一）中的全部区域；第三条（二）中的重要湿地、野生动物重要栖息地、重点保护野生植物生长繁殖地、重要水生生物的自然产卵场、索饵场、越冬场和洄游通道；第三条（三）中的文物保护单位
146	地下水开采	日取水量1万立方米及以上；涉及环境敏感区的	其他	—	第三条（一）中的全部区域；第三条（二）中的重要湿地
四十七、农业、林业、渔业					
147	农业垦殖	—	涉及环境敏感区的	其他	第三条（一）中的全部区域；第三条（二）中的基本草原、重要湿地、水土流失重点防治区
148	农产品基地项目（含药材基地）	—	涉及环境敏感区的	其他	第三条（一）中的全部区域；第三条（二）中的基本草原、重要湿地、水土流失重点防治区
149	经济林基地项目	—	原料林基地	其他	
150	淡水养殖	—	网箱、围网等投饵养殖；涉及环境敏感区的	其他	第三条（一）中的全部区域
151	海水养殖	—	用海面积300亩及以上；涉及环境敏感区的	其他	第三条（一）中的自然保护区、海洋特别保护区；第三条（二）中的重要湿地、野生动物重要栖息地、重点保护野生植物生长繁殖地、重要水生生物的自然产卵场、索饵场、天然渔场、封闭及半封闭海域

项目类别 \ 环评类别		报告书	报告表	登记表	本栏目环境敏感区含义
四十八、海洋工程					
152	海洋人工鱼礁工程	—	固体物质投放量5000立方米及以上；涉及环境敏感区的	其他	第三条（一）中的自然保护区、海洋特别保护区；第三条（二）中的野生动物重要栖息地、重点保护野生植物生长繁殖地、重要水生生物的自然产卵场、索饵场、天然渔场、封闭及半封闭海域
153	围填海工程及海上堤坝工程	围填海工程；长度0.5公里及以上的海上堤坝工程；涉及环境敏感区的	其他	—	第三条（一）中的自然保护区、海洋特别保护区；第三条（二）中的重要湿地、野生动物重要栖息地、重点保护野生植物生长繁殖地、重要水生生物的自然产卵场、索饵场、天然渔场、封闭及半封闭海域
154	海上和海底物资储藏设施工程	全部	—	—	
155	跨海桥梁工程	全部	—	—	
156	海底隧道、管道、电（光）缆工程	长度1.0公里及以上的	其他	—	
四十九、交通运输业、管道运输业和仓储业					
157	等级公路（不含维护，不含改扩建四级公路）	新建30公里以上的三级及以上等级公路；新建涉及环境敏感区的1公里及以上的隧道；新建涉及环境敏感区的主桥长度1公里及以上的桥梁	其他（配套设施、不涉及环境敏感区的四级公路除外）	配套设施、不涉及环境敏感区的四级公路	第三条（一）中的全部区域；第三条（二）中的全部区域；第三条（三）中的全部区域

项目类别 \ 环评类别		报告书	报告表	登记表	本栏目环境敏感区含义
158	新建、增建铁路	新建、增建铁路（30 公里及以下铁路联络线和 30 公里及以下铁路专用线除外）；涉及环境敏感区的	30 公里及以下铁路联络线和 30 公里及以下铁路专用线	—	第三条（一）中的全部区域；第三条（二）中的全部区域；第三条（三）中的全部区域
159	改建铁路	200 公里及以上的电气化改造（线路和站场不发生调整的除外）	其他	—	
160	铁路枢纽	大型枢纽	其他	—	
161	机场	新建；迁建；飞行区扩建	其他	—	
162	导航台站、供油工程、维修保障等配套工程	—	供油工程；涉及环境敏感区的	其他	第三条（三）中的以居住、医疗卫生、文化教育、科研、行政办公等为主要功能的区域
163	油气、液体化工码头	新建；扩建	其他	—	
164	干散货（含煤炭、矿石）、件杂、多用途、通用码头	单个泊位 1000 吨级及以上的内河港口；单个泊位 1 万吨级及以上的沿海港口；涉及环境敏感区的	其他	—	第三条（一）中的全部区域；第三条（二）中的重要水生生物的自然产卵场、索饵场、越冬场和洄游通道、天然渔场
165	集装箱专用码头	单个泊位 3000 吨级及以上的内河港口；单个泊位 3 万吨级及以上的海港；涉及危险品、化学品的；涉及环境敏感区的	其他	—	第三条（一）中的全部区域；第三条（二）中的重要水生生物的自然产卵场、索饵场、越冬场和洄游通道、天然渔场
166	滚装、客运、工作船、游艇码头	涉及环境敏感区的	其他	—	第三条（一）中的全部区域；第三条（二）中的重要水生生物的自然产卵场、索饵场、越冬场和洄游通道、天然渔场

项目类别 \ 环评类别		报告书	报告表	登记表	本栏目环境敏感区含义
167	铁路轮渡码头	涉及环境敏感区的	其他	—	第三条（一）中的全部区域；第三条（二）中的重要水生生物的自然产卵场、索饵场、越冬场和洄游通道、天然渔场
168	航道工程、水运辅助工程	航道工程；涉及环境敏感区的防波堤、船闸、通航建筑物	其他	—	第三条（一）中的全部区域；第三条（二）中的重要水生生物的自然产卵场、索饵场、越冬场和洄游通道、天然渔场
169	航电枢纽工程	全部	—	—	
170	中心渔港码头	涉及环境敏感区的	其他	—	第三条（一）中的全部区域；第三条（二）中的重要水生生物的自然产卵场、索饵场、越冬场和洄游通道、天然渔场
171	城市轨道交通	全部	—	—	
172	城市道路（不含维护，不含支路）	—	新建快速路、干道	其他	
173	城市桥梁、隧道（不含人行天桥、人行地道）	—	全部	—	
174	长途客运站	—	新建	其他	
175	城镇管网及管廊建设（不含 1.6 兆帕及以下的天然气管道）	—	新建	其他	

项目类别 \ 环评类别		报告书	报告表	登记表	本栏目环境敏感区含义
176	石油、天然气、页岩气、成品油管线（不含城市天然气管线）	200公里及以上；涉及环境敏感区的	其他	—	第三条（一）中的全部区域；第三条（二）中的基本农田保护区、地质公园、重要湿地、天然林；第三条（三）中的全部区域
177	化学品输送管线	全部	—	—	
178	油库（不含加油站的油库）	总容量20万立方米及以上；地下洞库	其他	—	
179	气库（含LNG库，不含加气站的气库）	地下气库	其他	—	
180	仓储（不含油库、气库、煤炭储存）	—	有毒、有害及危险品的仓储、物流配送项目	其他	
五十、核与辐射					
181	输变电工程	500千伏及以上；涉及环境敏感区的330千伏及以上	其他（100千伏以下除外）	—	第三条（一）中的全部区域；第三条（三）中的以居住、医疗卫生、文化教育、科研、行政办公等为主要功能的区域
182	广播电台、差转台	中波50千瓦及以上；短波100千瓦及以上；涉及环境敏感区的	其他	—	第三条（三）中的以居住、医疗卫生、文化教育、科研、行政办公等为主要功能的区域
183	电视塔台	涉及环境敏感区的100千瓦及以上的	其他	—	第三条（三）中的以居住、医疗卫生、文化教育、科研、行政办公等为主要功能的区域

项目类别 \ 环评类别		报告书	报告表	登记表	本栏目环境敏感区含义
184	卫星地球上行站	涉及环境敏感区的	其他	—	第三条（三）中的以居住、医疗卫生、文化教育、科研、行政办公等为主要功能的区域
185	雷达	涉及环境敏感区的	其他	—	第三条（三）中的以居住、医疗卫生、文化教育、科研、行政办公等为主要功能的区域
186	无线通讯	—	—	全部	
187	核动力厂（核电厂、核热电厂、核供汽供热厂等）；反应堆（研究堆、实验堆、临界装置等）；核燃料生产、加工、贮存、后处理；放射性废物贮存、处理或处置；上述项目的退役。放射性污染治理项目	新建、扩建（独立的放射性废物贮存设施除外）	主生产工艺或安全重要构筑物的重大变更，但源项不显著增加；次临界装置的新建、扩建；独立的放射性废物贮存设施	核设施控制区范围内新增的不带放射性的实验室、试验装置、维修车间、仓库、办公设施等	
188	铀矿开采、冶炼	新建、扩建及退役	其他	—	
189	铀矿地质勘探、退役治理	—	全部	—	
190	伴生放射性矿产资源的采选、冶炼及废渣再利用	新建、扩建	其他	—	

项目类别 \ 环评类别		报告书	报告表	登记表	本栏目环境敏感区含义
191	核技术利用建设项目（不含在已许可场所增加不超出已许可活动种类和不高于已许可范围等级的核素或射线装置）	生产放射性同位素的（制备 PET 用放射性药物的除外）；使用 I 类放射源的（医疗使用的除外）；销售（含建造）、使用 I 类射线装置的；甲级非密封放射性物质工作场所	制备 PET 用放射性药物的；医疗使用 I 类放射源的；使用 II 类、III类放射源的；生产、使用 II 类射线装置的；乙、丙级非密封放射性物质工作场所（医疗机构使用植入治疗用放射性粒子源的除外）；在野外进行放射性同位素示踪试验的	销售 I 类、II 类、III类、IV类、V类放射源的；使用IV类、V类放射源的；医疗机构使用植入治疗用放射性粒子源的；销售非密封放射性物质的；销售 II 类射线装置的；生产、销售、使用III类射线装置的	
192	核技术利用项目退役	生产放射性同位素的（制备 PET 用放射性药物的除外）；甲级非密封放射性物质工作场所	制备 PET 用放射性药物的；乙级非密封放射性物质工作场所；水井式 γ 辐照装置；除水井式 γ 辐照装置外其他使用 I 类、II 类、III类放射源场所存在污染的；使用 I 类、II 类射线装置存在污染的	丙级非密封放射性物质工作场所；除水井式 γ 辐照装置外其他使用 I 类、II 类、III类放射源场所不存在污染的	

说明：（1）名录中涉及规模的，均指新增规模。

（2）单纯混合为不发生化学反应的物理混合过程；分装指由大包装变为小包装。

关于发布《建设项目竣工环境保护验收暂行办法》的公告

（国环规环评〔2017〕4号）

为贯彻落实新修改的《建设项目环境保护管理条例》，规范建设项目竣工后建设单位自主开展环境保护验收的程序和标准，我部制定了《建设项目竣工环境保护验收暂行办法》（以下简称《暂行办法》，见附件），现予公布。

建设项目需要配套建设水、噪声或者固体废物污染防治设施的，新修改的《中华人民共和国水污染防治法》生效实施前或者《中华人民共和国固体废物污染环境防治法》《中华人民共和国环境噪声污染防治法》修改完成前，应依法由环境保护部门对建设项目水、噪声或者固体废物污染防治设施进行验收。

《暂行办法》中涉及的《建设项目竣工环境保护验收技术指南　污染影响类》，环境保护部将另行发布。“全国建设项目竣工环境保护验收信息平台”将于2017年12月1日上线试运行，网址为http：//47.94.79.251。可以登陆环境保护部网站查询建设项目竣工环境保护验收相关技术规范（kjs.mep.gov.cn/hjbhbz/bzwb/other）。

本公告自发布之日起施行。

特此公告。

附件：建设项目竣工环境保护验收暂行办法

环境保护部

2017年11月20日

附件

建设项目竣工环境保护验收暂行办法

第一章 总 则

第一条 为规范建设项目环境保护设施竣工验收的程序和标准，强化建设单位环境保护主体责任，根据《建设项目环境保护管理条例》，制定本办法。

第二条 本办法适用于编制环境影响报告书（表）并根据环保法律法规的规定由建设单位实施环境保护设施竣工验收的建设项目以及相关监督管理。

第三条 建设项目竣工环境保护验收的主要依据包括：

（一）建设项目环境保护相关法律、法规、规章、标准和规范性文件；

（二）建设项目竣工环境保护验收技术规范；

（三）建设项目环境影响报告书（表）及审批部门审批决定。

第四条 建设单位是建设项目竣工环境保护验收的责任主体，应当按照本办法规定的程序和标准，组织对配套建设的环境保护设施进行验收，编制验收报告，公开相关信息，接受社会监督，确保建设项目需要配套建设的环境保护设施与主体工程同时投产或者使用，并对验收内容、结论和所公开信息的真实性、准确性和完整性负责，不得在验收过程中弄虚作假。

环境保护设施是指防治环境污染和生态破坏以及开展环境监测所需的装置、设备和工程设施等。

验收报告分为验收监测（调查）报告、验收意见和其他需要说明的事项等三项内容。

第二章 验收的程序和内容

第五条 建设项目竣工后，建设单位应当如实查验、监测、记载建设项目环境保护设施的建设和调试情况，编制验收监测（调查）报告。

以排放污染物为主的建设项目，参照《建设项目竣工环境保护验收技术指南 污染影响类》编制验收监测报告；主要对生态造成影响的建设项目，按照《建设项目竣工环境保护验收技术规范 生态影响类》编制验收调查报告；火力发电、石油炼制、水利水电、核与辐射等已发布行业验收技术规范的建设项目，按照该行业验收技术规范编制验收监测报告或者验收调查报告。

建设单位不具备编制验收监测（调查）报告能力的，可以委托有能力的技术机构编制。建设单位对受委托的技术机构编制的验收监测（调查）报告结论负责。建设单位与受委托的技术机构之间的权利义务关系，以及受委托的技术机构应当承担的责任，可以通过合同形式约定。

第六条 需要对建设项目配套建设的环境保护设施进行调试的，建设单位应当确保调试期间污染物排放符合国家和地方有关污染物排放标准和排污许可等相关管理规定。

环境保护设施未与主体工程同时建成的，或者应当取得排污许可证但未取得的，建设单位不得对该建设项目环境保护设施进行调试。

调试期间，建设单位应当对环境保护设施运行情况和建设项目对环境的影响进行监测。验收监测应当在确保主体工程调试工况稳定、环境保护设施运行正常的情况下进行，并如实记录监测时的实际工况。国家和地方有关污染物排放标准或者行业验收技术规范对工况和生产负荷另有规定的，按其规定执行。建设单位开展验收监测活动，可根据自身条件和能力，利用自有人员、场所和设备自行监测；也可以委托其他有能力的监测机构开展监测。

第七条 验收监测（调查）报告编制完成后，建设单位应当根据验收监测（调查）报告结论，逐一检查是否存在本办法第八条所列验收不合格的情形，提出验收意见。存在问题的，建设单位应当进行整改，整改完成后方可提出验收意见。

验收意见包括工程建设基本情况、工程变动情况、环境保护设施落实情况、环境保护设施调试效果、工程建设对环境的影响、验收结论和后续要求等内容，验收结论应当明确该建设项目环境保护设施是否验收合格。

建设项目配套建设的环境保护设施经验收合格后，其主体工程方可投入生产或者使用；未经验收或者验收不合格的，不得投入生产或者使用。

第八条 建设项目环境保护设施存在下列情形之一的，建设单位不得提出验收合格的意见：

（一）未按环境影响报告书（表）及其审批部门审批决定要求建成环境保护设施，或者环境保护设施不能与主体工程同时投产或者使用的；

（二）污染物排放不符合国家和地方相关标准、环境影响报告书（表）及其审批部门审批决定或者重点污染物排放总量控制指标要求的；

（三）环境影响报告书（表）经批准后，该建设项目的性质、规模、地点、采用的生产工艺或者防治污染、防止生态破坏的措施发生重大变动，建设单位未重新报批环境影响报告书（表）或者环境影响报告书（表）未经批准的；

（四）建设过程中造成重大环境污染未治理完成，或者造成重大生态破坏未恢复的；

（五）纳入排污许可管理的建设项目，无证排污或者不按证排污的；

（六）分期建设、分期投入生产或者使用依法应当分期验收的建设项目，其分期建设、分期投入生产或者使用的环境保护设施防治环境污染和生态破坏的能力不能满足其相应主体工程需要的；

（七）建设单位因该建设项目违反国家和地方环境保护法律法规受到处罚，被责令改正，尚未改正完成的；

（八）验收报告的基础资料数据明显不实，内容存在重大缺项、遗漏，或者验收结论不明确、不合理的；

（九）其他环境保护法律法规规章等规定不得通过环境保护验收的。

第九条 为提高验收的有效性，在提出验收意见的过程中，建设单位可以组织成立验收工作组，采取现场检查、资料查阅、召开验收会议等方式，协助开展验收工作。验收工作组可以由设计单位、施工单位、环境影响报告书（表）编制机构、验收监测（调查）报告编制机构等单位代表以及专业技术专家等组成，代表范围和人数自定。

第十条 建设单位在“其他需要说明的事项”中应当如实记载环境保护设施设计、施工和验收过程简况、环境影响报告书（表）及其审批部门审批决定中提出的除环境保护设施外的其他环境保护对策措施的实施情况，以及整改工作情况等。

相关地方政府或者政府部门承诺负责实施与项目建设配套的防护距离内居民搬迁、功能置换、栖息地保护等环境保护对策措施的，建设单位应当积极配合地方政府或部门在所承诺的时限内完成，并在“其他需要说明的事项”中如实记载前述环境保护对策措施的实施情况。

第十一条 除按照国家需要保密的情形外，建设单位应当通过其网站或其他便于公众知晓的方式，向社会公开下列信息：

（一）建设项目配套建设的环境保护设施竣工后，公开竣工日期；

（二）对建设项目配套建设的环境保护设施进行调试前，公开调试的起止日期；

（三）验收报告编制完成后5个工作日内，公开验收报告，公示的期限不得少于20个工作日。

建设单位公开上述信息的同时，应当向所在地县级以上环境保护主管部门报送相关信息，并接受监督检查。

第十二条 除需要取得排污许可证的水和大气污染防治设施外，其他环境保护设施的验收期限一般不超过3个月；需要对该类环境保护设施进行调试或者整改的，验收期限可以适当延期，但最长不超过12个月。

验收期限是指自建设项目环境保护设施竣工之日起至建设单位向社会公开验收报告之日止的时间。

第十三条 验收报告公示期满后5个工作日内，建设单位应当登录全国建设项目竣工环境保护验收信息平台，填报建设项目基本信息、环境保护设施验收情况等相关信息，环境保护主管部门对上述信息予以公开。

建设单位应当将验收报告以及其他档案资料存档备查。

第十四条 纳入排污许可管理的建设项目，排污单位应当在项目产生实际污染物排放之前，按照国家排污许可有关管理规定要求，申请排污许可证，不得无证排污或不按证排污。建设项目验收报告中与污染物排放相关的主要内容应当纳入该项目验收完成当年排污许可证执行年报。

第三章 监督检查

第十五条 各级环境保护主管部门应当按照《建设项目环境保护事中事后监督管理办法（试行）》等规定，通过“双随机一公开”抽查制度，强化建设项目环境保护事中事后监督管理。要充分依托建设项目竣工环境保护验收信息平台，采取随机抽取检查对象和随机选派执法检查人员的方式，同时结合重点建设项目定点检查，对建设项目环境保护设施“三同时”落实情况、竣工验收等情况进行监督性检查，监督结果向社会公开。

第十六条 需要配套建设的环境保护设施未建成、未经验收或者经验收不合格，建设项目已投入生产或者使用的，或者在验收中弄虚作假的，或者建设单位未依法向社会公开验收报告的，县级以上环境保护主管部门应当依照《建设项目环境保护管理条例》的规定予以处罚，并将建设项目有关环境违法信息及时记入诚信档案，及时向社会公开违法者名单。

第十七条 相关地方政府或者政府部门承诺负责实施的环境保护对策措施未

按时完成的，环境保护主管部门可以依照法律法规和有关规定采取约谈、综合督查等方式督促相关政府或者政府部门抓紧实施。

第四章 附 则

第十八条 本办法自发布之日起施行。

第十九条 本办法由环境保护部负责解释。

关于发布《生态环境部审批环境影响评价文件的建设项目目录（2019 年本）》的公告

按照《中华人民共和国环境影响评价法》规定，为深化“放管服”改革，落实机构改革相关要求，我部对生态环境部审批环境影响评价文件的建设项目目录进行了调整，现将《生态环境部审批环境影响评价文件的建设项目目录（2019 年本）》予以公告。

省级生态环境部门应根据本公告，结合本地区实际情况和基层生态环境部门承接能力，及时调整公告目录以外的建设项目环境影响评价文件审批权限，报省级人民政府批准并公告实施。

本公告自发布之日起实施，原环境保护部公告 2015 年第 17 号及与本公告不一致的其他相关文件内容即行废止。

附件：生态环境部审批环境影响评价文件的建设项目目录（2019 年本）

生态环境部

2019 年 2 月 26 日

附件

生态环境部审批环境影响评价文件的建设项目目录（2019 年本）

一、水利

水库：在跨界河流、跨省（区、市）河流上建设的项目。

其他水事工程：涉及跨界河流、跨省（区、市）水资源配置调整的项目。

二、能源

水电站：在跨界河流、跨省（区、市）河流上建设的单站总装机容量 50 万千瓦及以上项目。

核电厂：全部（包括核电厂范围内的有关配套设施，但不包括核电厂控制区范围内新增的不带放射性的实验室、试验装置、维修车间、仓库、办公设施等项目）。

电网工程：跨境、跨省（区、市）（±）500千伏及以上交直流输变电项目。

煤矿：国务院有关部门核准的煤炭开发项目。

输油管网（不含油田集输管网）：跨境、跨省（区、市）干线管网项目。

输气管网（不含油气田集输管网）：跨境、跨省（区、市）干线管网项目。

三、交通运输

新建（含增建）铁路：跨省（区、市）项目。

煤炭、矿石、油气专用泊位：在沿海（含长江南京及以下）新建年吞吐能力1000万吨及以上项目。

内河航运：跨省（区、市）高等级航道的千吨级及以上航电枢纽项目。

四、原材料

石化：新建炼油及扩建一次炼油项目（不包括列入国务院批准的国家能源发展规划、石化产业规划布局方案的扩建项目）。

化工：年产超过20亿立方米的煤制天然气项目；年产超过100万吨的煤制油项目；年产超过100万吨的煤制甲醇项目；年产超过50万吨的煤经甲醇制烯烃项目。

五、核与辐射

除核电厂外的核设施：全部（不包括核设施控制区范围内新增的不带放射性的实验室、试验装置、维修车间、仓库、办公设施等项目）。

放射性：铀（钍）矿。

电磁辐射设施：由国务院或国务院有关部门审批的电磁辐射设施及工程。

六、海洋

涉及国家海洋权益、国防安全等特殊性质的海洋工程：全部。

海洋矿产资源勘探开发及其附属工程：全部（不包括海砂开采项目）。

围填海：50公顷以上的填海工程，100公顷以上的围海工程。

海洋能源开发利用：潮汐电站、波浪电站、温差电站等（不包括海上风电项目）。

七、绝密工程

全部项目。

八、其他由国务院或国务院授权有关部门审批的应编制环境影响报告书的项目（不包括不含水库的防洪治涝工程，不含水库的灌区工程，研究和试验发展项目，卫生项目）。

三、环境影响评价分级审批目录

北京市（2018 年本）

北京市生态环境局关于发布《北京市生态环境局环境影响评价文件管理权限的建设项目目录（2018年本）》的公告

为贯彻落实“简政放权、放管结合、优化服务”改革要求，进一步优化营商环境，根据国家和本市环境影响评价相关管理规定，结合本市实际，我局制定了《北京市生态环境局环境影响评价文件管理权限的建设项目目录（2018 年本）》（以下简称《分级目录》，见附件）。经市政府同意，现予以发布，自 2019 年 3 月 1 日起实施。原《北京市环境保护局审批环境影响评价文件的建设项目目录（2015 年本）》（原北京市环境保护局公告 2015 年第 13 号）同时废止。

《关于发布〈环境保护部审批环境影响评价文件的建设项目目录（2015 年本）的公告〉》（原环境保护部公告 2015 年第 17 号）和本《分级目录》以外的建设项目环境影响评价文件，由建设项目所在区生态环境行政主管部门负责管理。

特此公告。

附件：《北京市生态环境局环境影响评价文件管理权限的建设项目目录（2018 年本）》

北京市生态环境局

2019 年 2 月 12 日

附件

北京市生态环境局环境影响评价文件管理权限的建设项目目录（2018年本）

一、石油加工、炼焦业

原油加工、天然气加工、油母页岩等提炼原油、煤制油、生物制油及其他石油制品：全部。

二、化学原料和化学制品制造业

1．基本化学原料制造；农药制造；涂料、染料、颜料、油墨及其类似产品制造；合成材料制造；专用化学品制造；炸药、火工及焰火产品制造；水处理剂等制造：新建、扩建、主体装置技改（除单纯混合和分装外的）。

2．肥料制造：化学肥料（单纯混合和分装的除外）。

3．半导体材料：全部。

4．日用化学品制造：新建、扩建、主体装置技改（除单纯混合和分装外的）。

三、医药制造业

1．化学药品制造；生物、生化制品制造：新建、扩建、主体装置技改。

2．中成药制造、中药饮片加工：有提炼工艺的项目。

四、橡胶和塑料制品业

1．轮胎制造、再生橡胶制造、橡胶加工、橡胶制品制造及翻新：轮胎制造；有炼化及硫化工艺的。

2．塑料制品制造：人造革、发泡胶等涉及有毒原材料的；以再生塑料为原料的。

五、非金属矿物制品业

1．水泥制造：全部。

2．玻璃及玻璃制品：平板玻璃制造的项目。

3．陶瓷制品：年产建筑陶瓷100万平方米及以上；年产卫生陶瓷150万件及以上；年产日用陶瓷250万件及以上的项目。

4．耐火材料及其制品：石棉制品的项目。

5．石墨及其他非金属矿物制品：含焙烧的石墨、碳素制品的项目。

六、汽车制造业

汽车制造：整车制造（仅组装的除外）；发动机生产。

七、铁路、船舶、航空航天和其他运输设备制造业

铁路运输设备制造及修理：机车、车辆、动车组制造；发动机生产。

八、电气机械和器材制造业

太阳能电池片：太阳能电池片生产的新建、扩建；主体装置技改且导致规模增加30%及以上的。

九、环境治理业

危险废物（含医疗废物）利用及处置：利用及处置的新建、扩建、主体装置技改[单独收集、病死动物化尸窖（井）除外，纯物理处置且不含污水处理工程的除外]。

十、研究和试验发展

1．专业实验室：P3、P4生物安全实验室；转基因实验室。

2．研发基地：含医药、化工类等专业中试内容的新建、扩建、主体装置技改。

十一、社会事业与服务业

公园（含动物园、植物园、主题公园）：大型主题公园。

十二、交通运输业、管道运输业和仓储业

1．等级公路：国家高速公路。

2．新建、增建铁路：新建、增建铁路（30公里及以下铁路联络线和30公里及以下铁路专用线除外）；涉及环境敏感区的项目。

3．铁路枢纽：大型枢纽项目。

4．机场：新建；迁建；飞行区扩建。

5．城市轨道交通：全部。

6．化学品输送管线：化学品输送管线（氮气、惰性气体除外）。

十三、计算机、通信和其他电子设备制造业

涉及分割、焊接、酸洗或有机溶剂清洗工艺的；集成电路需编制报告表的建设项目。

十四、核与辐射

1．电磁辐射：输变电工程，广播电台、差转台，电视塔台，卫星地球上行站，雷达。

2．放射性：核技术利用建设项目，核技术利用项目退役。

十五、涉及重金属排放的工业项目

包括重有色金属矿（含伴生矿）采选业（铜、铅锌、镍钴、锡、锑和汞矿采选业等）、重有色金属冶炼业（铜、铅锌、镍钴、锡、锑和汞冶炼等）、铅蓄电池制造业、皮革及其制品业（皮革鞣制加工等）、化学原料及化学制品制造业（电石法聚氯乙烯行业、铬盐行业等）、电镀行业。

重点重金属污染物包括铅、汞、镉、铬和类金属砷。

十六、机密工程项目及机密备案项目

十七、建设地点跨两个或两个以上区的建设项目

十八、其他依照法律、法规规定必须由省（直辖市）级生态环境行政主管部门审批的建设项目

天津市（2018年本）

天津市环保局关于发布天津市环境保护局审批环境影响评价文件的建设项目目录（2018年本）的公告

津环保规范〔2018〕3号

为进一步深化“放管服”改革，根据《中华人民共和国环境影响评价法》和《关于发布〈环境保护部审批环境影响评价文件的建设项目目录（2015年本）〉的公告》（公告2015年第17号），我局对市环保局审批环境影响评价文件的建设项目目录进行了调整，制定了《天津市环境保护局审批环境影响评价文件的建设项目目录（2018年本）》，经市人民政府批准，现予公告，请遵照执行。

建设项目竣工环境保护验收依照本公告目录执行，目录以外已由市环保局审批环境影响评价文件的建设项目，委托项目所在地区级行政审批部门办理竣工环境保护验收。

《市环保局关于发布天津市环境保护局审批环境影响评价文件的建设项目目录（2015年本）的公告》（津环保审〔2015〕5号）即行废止。

2018年7月11日

天津市环境保护局审批环境影响评价文件的建设项目目录（2018 年本）

一、涉及自然保护区的建设项目（除涉及自然保护区实验区与保护方向相一致的建设项目）

二、水利

1．水利工程：涉及跨区河流的建设项目。

三、能源

2．水电站：在跨区河流上建设的项目。

3．火电站：全部。

4．热电站：全部。

5．输变电工程：±500 千伏以下直流项目；500 千伏以下、220 以上交流项目（含 220 千伏）；跨区 110 千伏交流项目。

6．输油管线：跨区的管线项目。

7．输气管线：跨区的管线项目。

四、交通运输

8．新建（含增建）铁路：跨区的项目。

9．公路：国家高速公路网项目，跨区的项目。

10．独立公（铁）路桥梁、隧道：跨区的项目。

11．城市道路：跨区的城市道路项目。

12．轨道交通：跨区的城市轨道交通项目。

五、冶金

13．钢铁：炼铁、炼钢项目。

14．有色冶炼：全部。

六、机械

15．汽车：新建（含增建生产线）整车（在现有整车生产线上更换车型除外）项目。

七、城建

16．供水：跨区的供水项目。

17．供热：跨区的供热项目。

八、社会事业

18．主题公园：大型主题公园项目。

九、核与辐射

19．核技术利用：全部核技术利用项目。

20．电磁辐射设施：除国务院环境保护行政主管部门负责的项目以外及豁免水平以上的电磁辐射建设项目。

十、涉密工程

21．除绝密工程以外的涉密项目。

十一、生态环境部委托审批的其他项目；由市政府或市政府授权有关部门审批的其他项目；法律、法规规定由省级环境保护部门审批的其他建设项目。

天津市环境保护局办公室

2018 年 7 月 11 日印发

河北省（2017年本）

河北省环境保护厅通告

2017年第2号

根据《环境影响评价法》和国务院《政府核准的投资项目目录（2016年本）》，结合环境影响评价制度改革和河北省环保系统机构垂直改革，经省政府批准，我厅对河北省环境保护厅审批环境影响评价文件的建设项目目录进行了调整，现将《河北省环境保护厅审批环境影响评价文件的建设项目目录（2017年本）》予以通告。

目录以外的建设项目环境影响评价文件审批权限，由市级（含定州、辛集市）环境保护行政主管部门根据机构垂直改革划定职能和有关法律法规确定。建设项目竣工环境保护验收管理依照本公告目录执行，目录以外已由我厅审批环境影响评价文件的建设项目，由项目所在市级（含定州、辛集市）环境保护部门办理竣工环境保护验收。

本通告自发布之日起实施，与本通告不一致的其他相关文件内容即行废止。

附件：河北省环境保护厅审批环境影响评价文件的建设项目目录（2017年本）

河北省环境保护厅

2017年7月5日

附件

河北省环境保护厅审批环境影响评价文件的建设项目目录（2017年本）

一、农业水利

1. 水库：跨设区市、省直管县（市）河流上的项目。

2．其他水事工程：跨设区市、省直管县（市）水资源配置调整的项目。

二、能源

3．火电站、热电站、垃圾焚烧发电项目。

4．煤炭开发（环境保护部负责审批的除外）。

5．输油、输气管网（不含油田集输管网）：跨设区市、省直管县（市）项目

6．国家原油存储、进口液化天然气接收储运项目。

三、交通运输

7．新建（含增建）铁路：跨设区市、省直管县（市）的铁路项目。

8．公路：国家高速公路网项目（不包括高速公路连接线工程），跨设区市、省直管县（市）的地方高速公路及国道主干线项目。

9．独立公路桥梁、隧道：跨设区市、省直管县（市）项目。

四、原材料

10．矿山开发：铁矿、金矿、有色矿山开发项目（不包括独立的选矿厂）。

11．钢铁：烧结、球团、焦化、炼铁（包括直接还原、熔融还原）、炼钢项目。

12．有色冶炼项目。

13．水泥、平板玻璃项目。

14．化工：对二甲苯（PX），精对苯二甲酸（PTA）、电石项目。

15．列入国家能源发展规划、石化产业规划的扩建炼油项目。

五、机械制造

16．汽车：整车项目。

六、其他项目

17．大型主题公园。

18．涉及三级、四级生物安全实验室。

19．有关法律法规或规定由省级环境保护行政主管部门审批的项目。

七、雄安新区享有省、市、县三级环保部门同等审批权限

山西省（2015 年本）

山西省环境保护厅关于印发《山西省环境保护厅审批环境影响评价文件的建设项目目录（2015年本）》的通知

晋环发〔2015〕64 号

各设区市环境保护局、扩权强县试点县（市）和省级转型综改试点县（市、区）环境保护局：

根据《中华人民共和国环境影响评价法》和环境保护部关于发布《环境保护部审批环境影响评价文件的建设项目目录（2015 年本）》的公告（2015 年第 17 号），经省政府同意，省环境保护厅对省级环境保护行政主管部门审批环境影响评价文件的建设项目目录进行了调整。现将《山西省环境保护厅审批环境影响评价文件的建设项目目录（2015 年本）》予以印发。

设区的市环境保护行政主管部门应根据本通知，及时调整本通知目录以外的建设项目环境影响评价文件审批权限，报设区的市人民政府批准并实施。其中化工、造纸、电镀、印染、酿造、味精、柠檬酸、酶制剂、酵母、一般工业固废处置利用、危险废物（含医疗废物）处置等项目的环境影响评价文件由设区市环境保护行政主管部门审批。

各级环境保护行政主管部门应当以改善环境质量、优化经济发展为目标，切实发挥规划环境影响评价的调控约束作用，落实污染物排放总量控制前置要求，严格建设项目环境影响评价管理。

建设项目竣工环境保护验收依照本通知目录执行，目录以外已由我厅审批环境影响评价文件的建设项目，竣工环保验收和项目变更事项委托项目所在地设区的市环境保护行政主管部门办理；《环境保护部审批环境影响评价文件的建设项目目录（2015 年本）》以外已由环境保护部审批环境影响评价文件的建设项目，其试生产审查工作委托项目所在地设区的市环境保护行政主管部门办理。

本通知自发布之日起实施，与本通知不一致的其他相关文件内容即行废止。

附件：山西省环境保护厅审批环境影响评价文件的建设项目目录（2015 年本）

山西省环境保护厅
2015 年 5 月 15 日

附件

山西省环境保护厅审批环境影响评价文件的建设项目目录（2015 年本）

一、水利

水库：在跨市河流上建设的项目。

其他水事工程：涉及跨市水资源配置调整的项目。

二、煤炭

煤层气开发项目：年产 5 亿立方米及以上气田开发项目。

煤矿：国家规划矿区新增产能 90 万吨/年（含）到 120 万吨/年煤炭开发项目。

三、电力

水电站：跨省（区、市）河流上建设的单站总装机容量 50 万千瓦以下项目；跨市河流上建设的项目。

火电站、热电站：背压机组以外的燃煤发电项目。

风电站：装机 10 万千瓦及以上项目。

电网工程：500 千伏及以下输变电工程。

四、石油、天然气

新建（含异地扩建）进口液化天然气接收、储运设施。

输油管网（不含油田集输管网）：除跨省（区、市）干线管网以外的项目。

输气管网（不含油气田集输管网）：除跨省（区、市）干线管网以外的项目。

五、黑色金属

省级备案的炼铁、炼钢、铁合金、钢铁加工项目。

六、有色金属

冶炼：省级备案的有色金属冶炼项目。

采选：60 万吨/年以上铝土矿开发项目。

稀土：冶炼分离稀土项目。

七、机械

汽车：新建汽车整车项目。

航空航天器制造：干线支线飞机、6 吨/9 座及以上通用飞机和 3 吨及以上直升机制造、民用卫星制造、民用遥感卫星地面站建设项目。

八、石化、化工

石化：炼油项目中除新建炼油及扩建一次炼油以外的项目、新建乙烯项目。

化工：电石、焦炭、新建对二甲苯（PX）、新建二苯基甲烷二异氰酸酯（MDI）项目。

九、轻工

纸浆、变性燃料乙醇项目。

卷烟、烟用二醋酸纤维素及丝束项目。

十、公路

国家高速公路：全部项目。

十一、铁路

铁路：国家铁路网中除新建（含增建）干线以外的项目。

独立公（铁）路桥梁、隧道：国家铁路网中除新建（增建）干线以外的独立公（铁）路的项目。

十二、民航

民航：除新建运输机场以外的项目。

十三、城镇基础设施

垃圾焚烧及发电：全部项目。

十四、社会事业

主题公园：大型项目。

十五、核与辐射

无线通信：国际通信基础设施项目；国内干线传输网（含广播电视网）以及其他涉及信息安全的电信基础设施项目。

放射性：核技术利用类编制报告书、报告表项目；伴生放射性矿类编制报告书项目。

电磁辐射设施：广播电台、差转台、电视塔台、卫星地球上行站、雷达编制报告书项目。

十六、外商投资

《外商投资产业指导目录》中有中方控股（含相对控股）要求的总投资（含增资）10 亿美元及以上鼓励类项目；总投资（含增资）1 亿美元及以上限制类（不含房地产）项目。

十七、机密工程、秘密工程

跨市（地）行政区域的其他建设项目。

内蒙古自治区（2015 年本）

内蒙古自治区人民政府办公厅关于转发自治区环境保护厅《环境影响评价文件（非辐射类）分级审批及验收意见》的通知

内政办字〔2015〕61 号

各盟行政公署、市人民政府，自治区各委、办、厅、局，各大企业、事业单位：

经自治区人民政府同意，现将自治区环境保护厅《环境影响评价文件（非辐射类）分级审批及验收意见》转发给你们，请结合实际，认真贯彻落实。

内蒙古自治区人民政府办公厅
2015 年 4 月 27 日

环境影响评价文件（非辐射类）分级审批及验收意见

（自治区环境保护厅　2015 年 4 月）

为进一步落实国务院关于简政放权要求，明确环评管理工作权责，根据《中华人民共和国环境影响评价法》及环境保护部 2015 年第 17 号公告的有关规定，现对建设项目（非辐射类）环境影响评价文件的审批权限做如下规定：自治区环境保护厅保留审批新建的火电站、热电站（背压机组除外）、炼铁炼钢、有色冶炼、国家高速公路、汽车、大型主题公园及跨盟市行政区域项目，其他建设项目环境影响评价文件审批权限下放至各盟市，由各盟市环境保护局提出分级审批意见，报同级人民政府（行政公署）批准后实施。

建设项目竣工环境保护验收依照本通知确定的审批权限施行同级管理。本意见下发前已由自治区环境保护厅审批环境影响评价文件的建设项目，由项目所在地盟市环境保护局办理竣工环境保护验收。

自治区人民政府及有关部门审批的综合性规划，工业、能源和自然资源开发、交通等专项规划，盟行政公署、市人民政府组织编制的地区经济社会发展规划，自治区级各类开发区、工业园区和工业基地规划其环境影响评价文件由自治区环境保护厅负责组织审查，出具书面审查意见。

辽宁省（2017年本）

辽宁省环境保护厅关于发布审批环境影响评价文件的建设项目目录的通知

辽环发〔2017〕47号

各市环境保护局：

根据《中华人民共和国环境影响评价法》《环境保护部审批环境影响评价文件的建设项目目录（2015年本）》和《辽宁省政府核准的投资项目目录（2017年本）》，按照同级审批、同步放权、各负其责、就近服务的原则，省环境保护厅对建设项目环评文件审批权限进行了调整，现印发全省执行。

各市环境保护部门应根据本通知，及时确定国家环境保护部公告及本通知目录以外的建设项目环境影响评价审批权限，并发布实施。其中，煤炭类、电力类、石油天然气类、石化化工类、医药类、公路类、水运类需编制环境影响报告书的项目，纸浆、溶解浆、纤维浆等制造项目，造纸（含废纸造纸）项目，危险废物（含医疗废物）集中处置及综合利用项目，以及燃煤锅炉项目、风电站项目的环境影响评价文件由各市环境保护部门审批。

各级环境保护部门应当以改善环境质量、优化经济发展为目标，严格规划环评与建设项目环境影响评价的联动机制，落实资源环境生态红线管控与污染物排放总量控制前置要求，进一步完善技术支撑和集体决策机制，强化环境影响评价监管，全面提高环评审批依法、科学、民主决策水平。

各级环境保护部门应当加强项目环评和规划环评联动，提高行政审批效能，区域风电规划等影响较广泛的规划环评应由省级环保部门负责组织审查。

建设项目竣工环境保护验收依照本通知目录执行，目录以外已由省环境保护厅审批环境影响评价文件的建设项目，由项目所在地市级环境保护部门办理竣工环境保护验收。

本通知自发布之日起实施，《辽宁省环境保护厅审批环境影响评价文件的建设项目目录（2015年本）》即行废止，其他相关文件与本通知内容不一致的以本通知为准。

附件：辽宁省环境保护厅审批环境影响评价文件的建设项目目录（2017年本）

辽宁省环境保护厅
2017年6月16日

附件

辽宁省环境保护厅审批环境影响评价文件的建设项目目录（2017年本）

一、农业水利

农业：涉及开荒的项目。

水利工程：水库、涉及跨市河流、跨市水资源配置调整的重大水利项目。

二、能源

水电站：在跨界河流、跨省（区、市）河流上建设的单站总装机容量50万千瓦以下项目。涉及跨市及省管河流的项目。

抽水蓄能电站：全部项目。

火电站（含自备电站）：全部项目。

热电站（含自备电站）：全部项目。

电网工程：省内±500千伏及以上直流项目，500千伏、750千伏、1000千伏交流电项目。

煤矿：国家规划矿区内的除新增年生产能力120万吨及以上煤炭开发项目外，其余煤炭开发项目。

进口液化天然气接收、储运设施：除新建（含异地扩建）外全部项目。

输油管网（不含油田集输管网）：省内涉及跨市的项目。

输气管网（不含油气田集输管网）：省内涉及跨市的项目。

炼油：列入国务院批准的国家能源发展规划、石化产业规划布局方案的扩建一次项目。

变性燃料乙醇：全部项目。

三、交通运输

新建（含增建）铁路：国家铁路网中除干线项目外的项目；除跨省项目外的地方铁路项目。

公路：国家高速公路网项目；普通国道网项目；地方高速公路项目。

独立公（铁）路桥梁、隧道：独立铁路桥梁、隧道及跨大江大河（现状或规划为一级及以上通航段）的独立公路桥梁、隧道项目，跨境项目除外。

煤炭、矿石、油气专用泊位：除在沿海新建年吞吐能力1000万吨及以上项目外的项目。

集装箱专用码头：除在沿海建设的年吞吐能力100万标准箱及以上项目外的项目。

民航：新建通用机场项目、扩建军民合用机场（增建跑道除外）。

四、原材料

稀土、铁矿、有色矿山开发：除稀土矿山开发项目外的项目。

石化：新建乙烯、对二甲苯（PX）、二苯基甲烷二异氰酸酯（MDI）项目（列入国家批准的石化产业规划布局的）。

煤化工：新建年产50万吨以下煤制烯烃、新建煤制对二甲苯（PX）项目。

稀土：稀土冶炼分离项目、稀土深加工项目。

黄金：采选矿项目。

炼铁炼钢项目：全部项目。

有色冶炼项目：全部项目。

五、机械制造

汽车制造：整车（含专用车）制造项目及其发动机制造项目。

六、高新技术

民用航空航天：6吨/9座以下通用飞机项目；3吨以下直升机制造项目。

七、城建

城市快速轨道交通：全部项目。

城市道路桥梁、隧道：跨大江大河（现状或规划为一级及以上通航段）的项目。

八、社会事业与服务业

主题公园：大型和中小型项目。

旅游：国家级风景名胜区、国家自然保护区、全国重点文物保护单位区域内总投资5000万元及以上旅游开发和资源保护项目；世界自然和文化遗产保护区内总投资3000万元及以上项目。

九、核与辐射

电磁辐射设施及相关项目：除由国务院或国务院有关部门审批的电磁辐射设施及工程外，编制环境影响报告书的项目。

伴生放射性矿开发利用及相关项目：除由国务院或国务院有关部门审批的项目外的项目。

核技术利用：除由国务院或国务院有关部门审批的项目外，编制环境影响报告书或环境影响报告表的项目。

十、涉密工程

机密工程项目；秘密工程项目。

十一、外商投资

《外商投资产业指导目录》中总投资（含增资）3亿美元以下的限制类项目。

十二、其他

国家法律、法规、政策等规定由省级环保部门审批环境影响评价文件的项目；

由省政府或省政府授权有关部门审批的其他编制环境影响报告书的项目，以及由省政府或省政府授权有关部门备案的项目；

国家环境保护部公告的审批目录之外，由国务院或国务院授权有关部门审批的编制环境影响报告表的项目。

辽宁省环境保护厅办公室

2017年6月19日印发

吉林省（2017 年本）

吉林省环境保护厅关于印发《吉林省环境保护厅审批环境影响评价文件的建设项目目录（2017年本）》的通知

吉环函〔2017〕479 号

各市（州）人民政府、长白山管委会，梅河口市、公主岭市、珲春市人民政府，各县（市、区）人民政府，省直有关部门：

为进一步加快政府职能转变，深化“放管服”改革，提升建设项目环评审批效率和质量，根据《中华人民共和国环境影响评价法》《建设项目环境保护管理条例》《建设项目环境影响评价分类管理名录》《环境保护部审批环境影响评价文件的建设项目目录（2015 年本）》，参照《政府核准的投资项目目录（吉林省 2017 年本）》，我厅对省级审批环境影响评价文件的建设项目目录进行了调整，制定了《吉林省环境保护厅审批环境影响评价文件的建设项目目录（2017 年本）》（以下简称《目录》），经省政府同意，现印发给你们，请遵照执行。现就有关事项通知如下：

一、省环保厅负责审批《目录》内建设项目环境影响评价文件，省内跨市（州）行政区域和涉及排放铅、汞、镉、铬、砷五类重金属的建设项目环境影响评价文件，以及国家环保部委托省环保厅审批的建设项目环境影响评价文件。

二、市（州）、县（市、区）环保局负责审批《目录》以外的建设项目环境影响评价文件，其中，县（市、区）环保局审批权限仍按《吉林省环境保护厅关于印发吉林省建设项目环境影响评价文件分级审批暂行规定的通知》（吉环管字〔2014〕17 号）有关要求执行。

三、各级环保部门应当以改善区域环境质量、优化经济发展为目标，严格建设项目环评管理，建立规划环评与项目环评的联动机制，落实资源环境生态红线管控与污染物排放总量控制要求，有效衔接排污许可制度，强化建设项目事中、事后监管。

四、本目录自印发之日起施行。省环保厅印发的关于环境影响评价工作相关文件中与本通知不一致的内容即行废止。

特此通知。

附件：吉林省环境保护厅审批环境影响评价文件的建设项目目录（2017年本）

吉林省环境保护厅

2017年11月20日

附件

吉林省环境保护厅审批环境影响评价文件的建设项目目录（2017年本）

吉林省环境保护厅负责审批《建设项目环境影响评价分类管理名录》中规定的，由环境保护部审批环境影响评价文件的建设项目目录以外的下列建设项目环境影响评价文件：

一、农副食品加工业

1．淀粉、淀粉糖：含发酵工艺的

二、酒、饮料制造业

2．酒精饮料及酒类制造：有发酵工艺的（以鲜葡萄或葡萄汁为原料年生产能力1000千升以下的除外）

三、造纸和纸制品业

3．纸浆、溶解浆、纤维浆等制造；造纸（不含废纸造纸）

四、石油加工、炼焦业

4．原油加工、天然气加工、油母页岩等提炼原油、煤制油、生物制油及其他石油制品

5．煤化工（含煤炭液化、气化）

6．炼焦、煤炭热解、电石

五、化学原料和化学制品制造业

7. 基本化学原料制造（不含单纯混合和分装的）

六、医药制造业

8. 化学药品制造；生物、生化制品制造

七、化学纤维制造业

9. 烟用二醋酸纤维素及丝束制造

10. 生物质纤维素乙醇生产

八、非金属矿物制品业

11. 水泥制造

12. 平板玻璃制造

九、黑色金属冶炼和压延加工业

13. 炼铁、球团、烧结

14. 炼钢

十、有色金属冶炼和压延加工业

15. 有色金属冶炼（含再生有色金属冶炼）

十一、汽车制造业

16. 整车制造

十二、电气机械和器材制造业

17. 铅蓄电池制造

十三、电力、热力生产和供应业

18. 火力发电（含热电）：除燃气发电工程外的

19. 综合利用发电：利用矸石、油页岩、石油焦等发电的

20. 水力发电：总装机容量在 2000 千瓦及以上的；抽水蓄能电站

21. 生物质发电：生活垃圾发电、污泥发电

十四、研究和试验发展

22. P3、P4 生物安全实验室

十五、社会事业与服务业

23. 高尔夫球场

24. 大型主题公园

25. 缆车、索道建设

十六、煤炭开采和洗选业

26．煤炭开采

十七、石油和天然气开采业

27．石油、页岩油开采（不含单纯净化、液化、压缩项目）

28．天然气、页岩气、砂岩气开采

十八、黑色金属矿采选业

29．黑色金属矿采选（不含单独尾矿库建设）

十九、有色金属矿采选业

30．有色金属矿采选（不含单独尾矿库建设）

二十、水利

31．水库：在跨市（州）河流上修建库容1000万立方米及以上的水利工程

二十一、交通运输业、管道运输业和仓储业

32．等级公路：新建30公里以上的三级及以上等级公路

33．新建、增建铁路（不含30公里及以下的铁路联络线和铁路专用线）

34．改建铁路：200公里及以上的电气化改造项目（线路和站场不发生调整的除外）

35．机场：扩建、改建运输机场项目；新建、扩建、改建通用机场（不含机场公用、辅助工程项目）

36．油气、液体化工码头：新建和扩建

37．城市轨道交通

38．石油、天然气、页岩气、成品油管线（不含城市天然气管线）：200公里及以上的

二十二、核与辐射

39．输变电工程：省内区域110千伏及以上的送（输）变电工程

40．核技术利用建设项目：制备PET用放射性药物的；医疗使用Ⅰ类放射源的；使用Ⅱ类、Ⅲ类放射源的；生产、使用Ⅱ类射线装置的；建设乙级非密封放射性物质工作场所

黑龙江省（2015 年本）

黑龙江省环境保护厅关于发布《黑龙江省环境保护厅审批环境影响评价文件的建设项目目录（2015年本）》的通知

黑环办〔2015〕71 号

各市（地）环境保护局，省直管试点县（市）环境保护局，垦区环境保护局：

根据《中华人民共和国环境影响评价法》《环境保护部审批环境影响评价文件的建设项目目录（2015 年本）》和黑龙江省人民政府《政府核准的投资项目目录（黑龙江省 2015 年本）》，我厅组织对省环境保护厅审批环境影响评价文件的建设项目目录进行了调整。经省政府领导同意，现发布《黑龙江省环境保护厅审批环境影响评价文件的建设项目目录（2015 年本）》，并就有关事项通知如下：

一、各市（地、垦区）环境保护部门应根据本通知，及时调整目录以外的建设项目环境影响评价文件审批权限，报同级人民政府（行政公署）批准并发布实施。

二、各地要结合基层承接能力，合理划分审批权限，本目录外的化工、造纸、非金属矿采选、化学药品和生物生化制品等《建设项目环境影响评价分类管理名录》中规定应编制环境影响报告书的建设项目应由市级环境保护部门审批。

三、各级环境保护部门应当以改善环境质量、优化经济发展为目标，切实发挥规划环境影响评价的调控约束作用，严格建设项目环境影响评价管理。

四、建设项目竣工环境保护验收依照本通知目录执行，目录以外已由我厅审批环境影响评价文件的建设项目，委托项目所在地市级环境保护部门办理竣工环境保护验收。

五、本通知自发布之日起实施，我厅已发布的有关建设项目分级审批要求与本通知不一致的其他相关文件内容即行废止。

附件：黑龙江省环境保护厅审批环境影响评价文件的建设项目目录（2015年本）

黑龙江省环境保护厅

2015年4月23日

附件

黑龙江省环境保护厅审批环境影响评价文件的建设项目目录（2015年本）

一、农业水利

农业：涉及开荒的项目由省环境保护厅审批。

水库：在跨界河流、跨省（区、市）河流上建设的项目由环境保护部审批。跨市（地）河流上建设的项目由省环境保护厅审批。

其他水事工程：涉及跨界河流、跨省（区、市）水资源配置调整的项目由环境保护部审批。跨市（地）水资源配置调整的项目由省环境保护厅审批。

二、能源

水电站：在跨界河流、跨省（区、市）河流上建设的单站总装机容量50万千瓦及以上项目由环境保护部审批。在跨市（地）河流上建设的项目由省环境保护厅审批。

抽水蓄能电站：由省环境保护厅审批。

火电、热电站（燃气发电、地热发电项目除外）：由省环境保护厅审批。

风电站：由省环境保护厅审批。

核电厂：由环境保护部审批。

电网工程：跨境、跨省（区、市）±500千伏及以上直流项目，跨境、跨省（区、市）500千伏、750千伏、1000千伏交流项目，由环境保护部审批。跨市（地）的项目由省环境保护厅审批。

煤矿：国家规划矿区内新增年生产能力120万吨及以上煤炭开发项目由环境保护部审批。国家规划矿区内新增年生产能力120万吨以下煤炭开发项目和国家规划矿区外新增生产能力60万吨及以上煤炭开发项目由省环境保护厅审批。

输油管网（不含油田集输管网）：跨境、跨省（区、市）干线管网项目由环境保护部审批。跨市（地）项目由省环境保护厅审批。

输气管网（不含油气田集输管网）：跨境、跨省（区、市）干线管网项目由环境保护部审批。跨市（地）项目由省环境保护厅审批。

三、交通运输

新建（含增建）铁路：跨省（区、市）项目和国家铁路网中的干线项目由环境保护部审批。其余铁路项目由省环境保护厅审批。

公路：国家高速公路网、地方高速公路、普通国道网、普通省道网项目由省环境保护厅审批。

独立公（铁）路桥梁、隧道：跨境、跨大江大河（现状或规划为通航段）、跨市（地）的项目由省环境保护厅审批。

煤炭、矿石、油气专用泊位：由省环境保护厅审批。

集装箱专用码头：由省环境保护厅审批。

内河航运：跨省（区、市）高等级航道的千吨级及以上航电枢纽项目由环境保护部审批。

民航：新建运输机场项目由环境保护部审批。新建通用机场项目、扩建军民合用机场项目由省环境保护厅审批。

四、原材料

稀土、铁矿、有色矿山开发：稀土矿山开发项目由环境保护部审批。其余项目由省环境保护厅审批。

石化：新建炼油及扩建一次炼油项目由环境保护部审批，其中列入国务院批准的国家能源发展规划、石化产业规划布局方案的扩建项目由省环境保护厅审批。新建乙烯项目由省环境保护厅审批。

化工：年产超过 20 亿立方米的煤制天然气项目、年产超过 100 万吨的煤制油项目、年产超过 100 万吨的煤制甲醇项目、年产超过 50 万吨的煤经甲醇制烯烃项目由环境保护部审批。新建对二甲苯（PX）项目、新建二苯基甲烷二异氰酸酯（MDI）项目由省环境保护厅审批。

稀土：冶炼分离项目、稀土深加工项目由省环境保护厅审批。

有色：有色冶炼项目由省环境保护厅审批。

黄金：采选矿项目由省环境保护厅审批。

炼铁炼钢：炼铁炼钢项目由省环境保护厅审批。

五、机械制造

汽车：由省环境保护厅审批。

六、高新技术

民用航空航天：干线支线飞机、通用飞机和直升机制造、民用卫星制造、民用遥感卫星地面站建设项目由省环境保护厅审批。

七、城建

城市快速轨道交通项目：由省环境保护厅审批。

八、社会事业

主题公园：特大型项目由环境保护部审批。大型项目由省环境保护厅审批。

九、核与辐射

除核电厂外的核设施：全部（包括核设施范围内的有关科研实验室）由环境保护部审批。

放射性：铀（钍）矿及由国务院或国务院有关部门审批的伴生放射性矿开发利用项目由环境保护部审批。由省政府或省政府有关部门审批的伴生矿开发利用项目，生产、销售、使用放射性同位素和射线装置（III类射线装置除外）项目，由省环境保护厅审批。

电磁辐射设施：国务院或国务院有关部门审批的电磁辐射设施及工程由环境保护部审批。跨市（地）电磁辐射设施及工程由省环境保护厅审批。

十、绝密工程

全部由环境保护部审批。

十一、外商投资

《外商投资产业指导目录》中所列项目的审批权限，按照上述第一至第十条规定办理。

十二、其他

黑龙江省人民政府《政府核准的投资项目目录（黑龙江省 2015 年本）》中提及而未纳入本目录的液化石油气接收、存储设施（不含油气田、炼油厂的配套项目），进口液化天然气接收、储运设施，变性燃料乙醇，电信，烟草，城市道路桥梁、隧道等项目，由市级环境保护部门审批。

跨市（地）行政区域的其他建设项目由省环境保护厅审批。

由省政府或省投资主管部门审批的其他编制环境影响报告书的项目由省环境保护厅审批。

上海市（2016 年本）

上海市环境保护局关于印发《上海市环境保护局审批环境影响评价文件的建设项目目录（2016年版）》的通知

沪环保评〔2016〕23 号

各区（县）环保局、自贸试验区管委会、上海化学工业区管委会、虹桥商务区管委会：

《上海市环境保护局审批环境影响评价文件的建设项目目录（2016 年版）》（以下简称《项目目录》，见附件）已经市政府批准，现予以发布，请遵照执行。本《项目目录》自 2016 年 2 月 1 日起施行，原《上海市建设项目环境影响评价分级管理规定》（沪环保评〔2012〕299 号）同时废止。

特此通知。

附件：《上海市环境保护局审批环境影响评价文件的建设项目目录（2016 年版）》

上海市环境保护局

2016 年 1 月 22 日

附件

上海市环境保护局审批环境影响评价文件的建设项目目录（2016 年版）

一、市环保局负责下列建设项目环境影响评价文件的审批：

（一）由国务院、国务院有关部门负责审批、核准、备案的，但未列入环境保护部审批权限内的建设项目。

（二）以下地区和企业（不包括浦东新区辖区内）的建设项目：

1. 国家级、市级自然保护区内的建设项目。

2. 一级饮用水水源保护区范围内的建设项目。

3. 二级饮用水水源保护区范围内的建设项目。

4. 跨区、县的建设项目。

5. 在沪中央企业大型生产基地：宝山钢铁股份有限公司、中石化上海石化股份有限公司，以及中国船舶工业集团公司、中国海运（集团）总公司、上海振华重工（集团）股份有限公司等，在本市实施的需编制《环境影响报告书》的项目。

6. 由上海化学工业区管委会（不含金山、奉贤两个分区）、虹桥商务区管委会负责审批、核准、备案的建设项目。

（三）以下重点行业（不包括浦东新区辖区内）的建设项目：

1. 生产性项目

1.1 有色金属冶炼及矿山开发、再生金属冶炼、钢铁加工（仅限钢铁冶炼部分）、电石、铁合金、焦炭、制浆等对环境可能造成重大影响的建设项目。

1.2 新建石化、化工项目，但不包括肥料制造，涂料、颜料、油墨及其类似产品制造，饲料、食品添加剂、水处理剂等，日用化学品制造，化学品物理分离、混合、复配、分装项目等。

1.3 新建水泥制造项目。

1.4 新建汽车整车项目。

1.5 新建船舶制造和船舶维修项目。

1.6 铅酸蓄电池制造项目，但不包括铅酸蓄电池装配项目。

2. 能源

2.1 火力发电（包括热电）。

2.2 油库（不含加油站的油库）：总容量20万立方米及以上；地下油库。

2.3 气库（不含加油站的气库）：地下气库。

3. 交通运输

3.1 新扩改建通用机场项目、扩建军民合用机场项目和改扩建运输机场项目（不含辅助设施）。

3.2 新建涉及危险品的码头。

3.3 跨区域的道路、铁路、轨道交通项目。

4.城市基础设施和社会事业

4.1 新建水库。

4.2 新建生活垃圾焚烧发电项目。

4.3 污废水集中处理：污水日处理能力新增50万吨及以上。

4.4 新建危险废物处理处置经营项目，但不包括单独收集、贮存的项目。

4.5 大型主题公园。

5．涉密的建设项目

6．辐射相关

6.1 生产、销售、使用放射源（Ⅰ、Ⅱ、Ⅲ类）、非密封源、Ⅰ类射线装置及其退役。

6.2 220千伏及其以上送（输）变电工程。

二、在自贸试验区区域（28.78平方公里），不属于环境保护部审批权限内的建设项目，由自贸试验区管委会负责审批；在浦东新区区域内（除自贸试验区区域外），不属于环境保护部审批权限内的建设项目或者市政府确认由市环保局审批的建设项目，由浦东新区环境保护部门负责审批。

三、上海市环保局可以根据法律、法规、规章的规定，将部分建设项目环境影响评价文件的审批权限，委托给该项目所在地的区县环境保护部门或者承担区域行政管理职能的开发区管委会，并向社会公告。受委托的区县环境保护部门或者承担区域管理职能的开发区管委会应当在委托范围内，以上海市环保局的名义审批环境影响评价文件。受委托部门不得再委托其他组织或者个人。

四、市环保局审批权限外的建设项目，由区、县环保局负责审批环境影响评价文件。

五、建设项目可能造成跨行政区域的不良环境影响，有关环境保护部门对该项目的环境影响评价结论有争议的，其环境影响评价文件由共同的上一级环境保护部门审批。

六、本目录有效期五年。

江苏省（2015 年本）

关于印发《江苏省环境保护厅审批环境影响评价文件的建设项目目录（2015年本）》的通知

苏环发〔2015〕3 号

各市、县（市、区）环保局：

根据《江苏省建设项目环境影响评价文件分级审批管理办法》（苏政办发〔2015〕57 号）、《关于发布〈环境保护部审批环境影响评价文件的建设项目目录（2015 年本）〉的公告》（环保部公告 2015 年第 17 号）和《省政府关于发布江苏省政府核准的投资项目目录（2015 年本）的通知》（苏政发〔2015〕4 号），我厅制定了《江苏省环境保护厅审批环境影响评价文件的建设项目目录（2015 年本）》（见附件）。经省政府同意，现印发给你们，请遵照执行。

附件：江苏省环境保护厅审批环境影响评价文件的建设项目目录（2015 年本）

江苏省环境保护厅

2015 年 7 月 17 日

附件

江苏省环境保护厅审批环境影响评价文件的建设项目目录（2015 年本）

一、国务院环境保护行政主管部门委托省环境保护行政主管部门审批的项目

二、国务院环境保护行政主管部门规定由省环境保护行政主管部门审批，且按规定应当编制环境影响报告书的项目

火电站、热电站、炼铁炼钢、有色冶炼、国家高速公路、汽车、大型主题公园

三、《环境保护部审批环境影响评价文件的建设项目目录（2015年本）》之外，由国务院或国务院有关部门核准（或备案），且按规定应当编制环境影响报告书的项目

（一）进口液化天然气接收、储运设施：新建和异地扩建项目。

（二）新建（含增建）铁路：国家铁路网建设项目（跨省和国家铁路网中干线项目除外）。

（三）独立公（铁）路桥梁、隧道：跨境、跨10万吨级及以上航道海域、跨大江大河（现状或规划为一级及以上通航段）的项目。

（四）电信：国际通信基础设施项目；国内干线传输网（含广播电视网）以及其他涉及信息安全的电信基础设施项目。

（五）稀土：冶炼分离项目（非放射性）。

（六）烟草：卷烟、烟用二醋酸纤维素及丝束项目。

（七）民用航空航天：干线支线飞机、6吨/9座及以上通用飞机和3吨及以上直升机制造、民用卫星制造、民用遥感卫星地面站建设项目。

（八）城市道路桥梁、隧道：跨10万吨级及以上航道海域、跨大江大河（现状或规划为一级及以上通航段）的项目。

（九）外商投资：《外商投资产业指导目录》中有中方控股（含相对控股）要求的鼓励类项目；总投资（含增资）10亿美元及以上项目；《外商投资产业指导目录》中限制类项目；项目总投资（含增资）1亿美元及以上项目（除房地产外）。

（十）其他项目。

四、跨省辖市行政区域的项目

五、由省政府及省投资主管部门审批且按规定应当编制环境影响报告书的项目

六、法律、法规、规章等规定由省环境保护行政主管部门审批的项目

浙江省（2015 年本）

浙江省环境保护厅关于发布《省环境保护主管部门负责审批环境影响评价文件的建设项目清单（2015年本）》及《设区市环境保护主管部门负责审批环境影响评价文件的重污染、高环境风险以及严重影响生态的建设项目清单（2015年本）》的通知

浙环发〔2015〕38 号

各市、县（市、区）环保局：

根据《浙江省人民政府办公厅关于印发浙江省建设项目环境影响评价文件分级审批管理办法的通知》（浙政办发〔2014〕86 号）和《环境保护部审批环境影响评价文件的建设项目目录（2015 年本）》（环境保护部公告 2015 年第 17 号），经省政府同意，现将《省环境保护主管部门负责审批环境影响评价文件的建设项目清单（2015 年本）》及《设区市环境保护主管部门负责审批环境影响评价文件的重污染、高环境风险以及严重影响生态的建设项目清单（2015 年本）》予以发布。

建设项目竣工环境保护验收依照本通知清单执行，省环境保护主管部门负责审批环境影响评价文件的建设项目清单（2015 年本）以外已由我厅审批环境影响评价文件（含委托审批）的建设项目，由现有相应环境影响评价文件审批权限的市级、县级环境保护主管部门办理竣工环境保护验收。

本通知自 2015 年 10 月 23 日起施行。

附件：1. 省环境保护主管部门负责审批环境影响评价文件的建设项目清单（2015 年本）

2. 设区市环境保护主管部门负责审批环境影响评价文件的重污染、高环境风险以及严重影响生态的建设项目清单（2015 年本）

浙江省环境保护厅

2015 年 9 月 23 日

附件 1

浙江省环境保护主管部门负责审批环境影响评价文件的建设项目清单（2015 年本）

一、省环境保护主管部门确定的重污染、高环境风险以及严重影响生态的建设项目（副省级城市、计划单列市，舟山市环境保护主管部门、义乌市环境保护主管部门享有环评审批权限）

（一）农药原药，有机合成染料，化学原料药制造项目，以及总投资 10 亿元及以上的石化、化工、合成纤维制造项目。

（二）燃煤背压热电项目。

（三）铁路项目，省政府及其投资主管部门审批、核准、备案的高速公路、一级公路、城市快速轨道交通项目。

（四）运营类电离辐射建设项目。我省辖区内生产放射性同位素和 I 类射线装置，销售和使用 I 类、II 类放射源和 I 类射线装置，甲、乙级非密封放射性物质使用场所，使用放射性同位素开展野外示踪，伴生放射性矿物、矿渣和含有放射性物质的开发或利用项目。

（五）辐射退役项目。原项目由省环境保护行政主管部门颁发辐射安全许可证许可运行的，使用 I 类、II 类和III类放射源的场所退役项目、生产放射性同位素的场所退役项目、甲级和乙级非密封放射性物质使用场所退役项目、终结运行后产生放射性污染的射线装置退役项目。

（六）工业、科研、医疗中总功率在 100 千瓦及以上的电磁能应用建设项目，广播电视、雷达发射建设项目。

（七）330 千伏、500 千伏输变电类建设项目。

二、省环境保护主管部门直接审批的建设项目

（一）火电站。

（二）抽凝式燃煤热电项目。

（三）以金属矿石为原料的炼铁（包括烧结、球团、焦化、直接还原、熔融还原）、炼钢项目。

（四）电解铝、氧化铝项目，以金属矿石为原料的铜、铅、锌冶炼项目，稀土

冶炼项目。

（五）国家高速公路。

（六）新建汽车整车项目。

（七）大型主题公园。

三、国务院环境保护主管部门委托省环境保护主管部门审批的建设项目

四、选址跨设区市行政区域的建设项目

五、按照法律、法规、规章规定由省环境保护主管部门审批的其他建设项目

附件 2

设区市环境保护主管部门负责审批环境影响评价文件的重污染、高环境风险以及严重影响生态的建设项目清单（2015 年本）

一、总投资 10 亿元以下含有机合成反应的石化、化工项目。

二、纸浆制造、造纸项目。

三、电镀项目。

四、印染项目。

五、皮革鞣制加工项目。

六、合成革项目。

七、含极板制造的铅酸蓄电池项目。

八、编制环境影响报告书的生物质发电项目。

九、销售、使用Ⅲ类放射源，生产、销售、使用Ⅱ类射线装置，丙级非密封放射性物质工作场所。

十、工业、科研、医疗中总功率在 100 千瓦以下的电磁能应用项目。

十一、移动通信基站项目。

安徽省（2015 年本）

安徽省环保厅关于发布《安徽省建设项目环境影响评价文件审批目录（2015年本）》的通知

皖环发〔2015〕36 号

各市、县（市、区）环保局：

根据《中华人民共和国环境影响评价法》《环境保护部审批环境影响评价文件的建设项目目录（2015 年本）》（环境保护部公告 2015 年第 17 号，以下简称《公告》）、《建设项目环境影响评价分类管理名录》（环境保护部令 33 号）和《安徽省地方政府核准的投资项目目录（2014 年修订本）》，我厅对《公告》目录以外的建设项目环境影响文件审批权限进行了界定，制定了《安徽省建设项目环境影响评价文件审批目录（2015 年本）》，经省政府同意，现予发布。

各市可根据省以下投资核准、备案权限及环境影响评价分类管理原则，优化同级审批项目清单，环境影响登记表（除核与辐射项目）审批权限原则下放到县（市、区）环保部门。各级环保部门要认真执行分级审批管理规定，规范建设项目环境影响评价审批和管理，加强全过程监管。建设项目竣工环境保护验收权限依照本目录执行，主要污染物（含重金属）排放总量指标前置审核仍按现行有关规定执行。

已由我厅审批但在本目录中不属我厅审批权限的建设项目，其环境影响评价文件重新审批、重新审核，以及项目试生产批准和竣工环境保护验收委托项目所在市（省直管县）环保部门办理。

本目录自发布之日起施行，此前与本目录不一致的有关文件内容即行废止。

安徽省环境保护厅

2015 年 7 月 29 日

安徽省建设项目环境影响评价文件审批目录
（2015 年本）

省环保厅负责审批的建设项目目录

序号	项目	备注
一、农林水利		
1	开荒项目	
2	跨市河流上建设的或总库容量在 1000 万立方米及以上的水库项目	跨市指跨设区市，下同
3	跨市水资源配置调整、河道治理、航道整治、防洪等水事项目	
二、能源		
4	抽水蓄能电站	
5	燃煤火电项目	
6	燃煤热电项目	
7	跨市风电项目	
8	省政府及其有关部门核准的交、直流电网项目	
9	国家规划矿区内新增年生产能力 120 万吨以下煤炭开发项目，扩大产能的煤矿安全改扩建项目	
10	跨市输油管网	
11	跨市输气管网	
12	列入国务院批准的国家能源发展规划、石化产业规划布局方案的炼油扩建项目	
13	变性燃料乙醇项目	
三、交通运输		
14	跨市的地方铁路项目	
15	国家高速公路；跨市的地方公路项目	
16	省政府投资主管部门核准的跨长江、淮河独立铁（公）路桥梁、隧道项目	
17	煤炭、矿石、油气专用泊位	编制环境影响报告书的
18	集装箱专用码头	编制环境影响报告书的
19	跨市航道工程和千吨级及以上通航建筑物项目	
20	新建通用机场；扩建军民合用机场	
四、原材料		
21	地下开采 30 万吨/年及以上、露天开采 60 万吨/年及以上的采矿及相应规模的采选一体化铁矿开发项目，独立铁矿选矿项目	

省环保厅负责审批的建设项目目录		
序号	项目	备注
22	省政府及其有关部门核准、备案的硫铁矿、磷矿、石棉矿开发项目	
23	有色采选项目，以矿石为原料的有色冶炼项目	
24	不涉及新增产能的炼铁、炼钢项目	含烧结、球团
25	省政府及其有关部门核准、备案的湿法冶金项目	
26	黄金采选项目	
27	稀土深加工项目	
28	列入国务院批准的石化产业规划布局方案的新建乙烯项目	
29	新建对二甲苯（PX）项目、新建二苯基甲烷二异氰酸酯（MDI）项目；省政府及其有关部门核准、备案的化学合成农药原药及中间体制造、化学合成医药原药及中间体制造项目、有机合成染料项目、化学合成肥料制造项目、焦化项目	
五、纺织化纤		
30	省政府及其有关部门核准、备案的化学纤维制造项目	
31	省政府及其有关部门核准、备案的新建或扩大产能的印染项目	
六、轻工		
32	化学制浆，化学制浆及造纸一体化项目	不含宣纸
33	省政府及其有关部门核准、备案的酒精、味精、柠檬酸、酶制剂、酵母、赖氨酸、淀粉、淀粉糖、制革、毛皮鞣制项目	
七、机械电子		
34	新建汽车整车项目	
35	省政府及其有关部门核准、备案的铅酸蓄电池项目	
八、城建		
36	国家批准规划的城市快速轨道交通项目	
37	危险废物集中处置（焚烧、填埋等）项目	
九、社会事业		
38	大型主题公园	规划分期建设或实施扩建的，按照项目累计总占地面积和累计总投资确定规模等级
39	国家级风景名胜区、国家级自然保护区、全国重点保护文物单位区域内的总投资超过 5000 万元及以上旅游开发和资源环境保护项目，世界自然和文化遗产保护区内总投资3000万元以上的项目	
十、核与辐射		
40	除环保部审批以外的伴生放射性矿物资源的采选、冶炼加工、废渣处理贮存及处置、废渣再利用项目	
41	生产放射性同位素、射线装置的；销售、使用Ⅰ类、Ⅱ类、Ⅲ类放射源，Ⅰ类、Ⅱ类射线装置，甲级、乙级、丙级非密封放射性物质；以及上述项目退役	不含单独固定X射线探伤项目
42	在野外进行放射性示踪试验	

省环保厅负责审批的建设项目目录		
序号	项目	备注
43	跨市移动通信基站项目	
44	省政府及其有关部门审批、核准的广播电视、导航、雷达等电磁辐射建设项目	
45	环保部审批之外的工业、科研和医学电磁辐射项目；由省政府及其有关部门核准的其他项目	
十一、其他		
46	跨市的其他建设项目	

设区市环保部门负责审批的建设项目目录		
序号	项目	备注
1	省政府及其有关部门核准的不跨市的水资源配置调整、河道治理、航道整治、防洪项目	
2	水电站	
3	畜禽养殖项目	需要编制环境影响报告书的
4	农林生物质发电、热电项目	
5	生活垃圾焚烧发电、热电项目	
6	单纯利用余热、余压（含差压）、余气（含煤层气）发电项目	
7	燃煤电厂脱硫、脱硝、除尘改造（含超低排放改造）	
8	不跨市风电项目	
9	省政府及其有关部门核准之外的电网项目	
10	不扩大产能的煤矿安全改扩建项目	
11	液化石油气接收、存储设施	
12	进口液化天然气接收、储运设施	
13	不跨市的输油、输气管网项目	
14	不跨市的地方铁路项目	
15	省政府及其有关部门核准但不跨市的公路项目	
16	地下开采 30 万吨/年以下、露天开采 60 万吨/年以下的采矿及相应规模的采选一体化铁矿开发项目	
17	省政府及其有关部门核准、备案之外的硫铁矿项目	
18	省政府及其有关部门核准、备案的非金属矿项目	磷矿、石棉矿除外
19	有色合金制造、再生有色金属利用项目	
20	废旧钢铁熔炼、轧钢、铁合金制造项目	
21	省环保厅审批之外的湿法冶金项目	
22	市、县政府及其有关部门核准、备案的铅酸蓄电池制造项目	
23	电石生产	

设区市环保部门负责审批的建设项目目录		
序号	项目	备注
24	电镀	
25	酿造，市、县政府及其有关部门核准、备案的化工、制药、农药、染料、酒精、味精、柠檬酸、酶制剂、酵母、赖氨酸、淀粉、淀粉糖、制革、毛皮鞣制、化学纤维制造项目	需要编制环境影响报告书的
26	省环保厅审批之外的印染项目	
27	废纸造纸项目	
28	新建汽车整车以外的汽车项目	
29	《安徽省地方政府核准的投资目录（2014 年修订本）》所列民用航空航天项目	
30	中小型主题公园	规划分期建设或实施扩建的，按照项目累计总占地面积和累计总投资确定规模
31	含重金属、化工废液废渣的危险废物综合利用项目	
32	不跨市移动通信基站项目	
33	单独固定 X 射线探伤，销售、使用Ⅳ、Ⅴ类放射源及Ⅲ类射线装置项目	
34	市、县级政府及其有关部门审批、核准的广播电视、导航、雷达等电磁辐射建设项目	
35	未列入省环保厅审批目录的省级核准的外商投资项目；省政府及其有关部门审批、核准、备案的其他项目	
36	《关于取消和下放行政审批项目的通知》（省环保厅皖环发〔2014〕14 号）下放的其他项目	
37	国家审批、核准的需要编制环境影响报告表、登记表的不跨市项目	
38	跨县级行政区域建设项目	
39	各市按照分级审批和分类管理原则，确定的由市级环保部门审批环境影响评价文件的其他项目	由各市自行明确

注：1. 省直管县比照市级权限执行。

2. 宣纸制浆、宣纸制浆造纸一体化项目由宣城市环保局审批。

县（市、区）环保部门负责审批的建设项目目录		
1	省、市环保行政主管部门审批之外的其他建设项目	

注：表中未注明新建、扩建或技术改造的，包括新建、扩建或技术改造。

福建省（2015年本）

福建省环保厅关于印发《福建省建设项目环境影响评价文件分级审批管理规定》的通知

闽环发〔2015〕8号

各设区的市环保局、平潭综合实验区环境与国土资源局：

经省政府同意，现将《福建省建设项目环境影响评价文件分级审批管理规定（2015年本）》印发给你们，自印发之日起施行。各级环保部门认真遵照执行，严格环评审批管理，强化事中事后监管，更好服务我省科学发展跨越发展。

福建省环境保护厅

2015年8月6日

福建省建设项目环境影响评价文件分级审批管理规定（2015年本）

第一条 为加强和规范我省建设项目环境影响评价文件分级审批管理，进一步明确权责、提高效率，根据《中华人民共和国环境影响评价法》《建设项目环境保护管理条例》（国务院令第253号）、环保部2015年第17号公告等规定，结合我省实际，制定本规定。

第二条 本规定所称环境影响评价文件是指环境影响报告书、环境影响报告表和环境影响登记表的统称。

第三条 建设对环境可能造成影响的项目，不论投资主体、资金来源、项目性质和投资规模，其环境影响评价文件均应按照本规定确定的分级审批权限进行审批。有关海洋工程和军事设施建设项目的环境影响评价文件的分级审批，依据有关法律和行政法规执行。

第四条 建设项目环境影响评价文件审批权限根据建设项目审批、核准、备案权限以及建设项目对环境的影响性质和程度确定。

第五条 省环境保护行政主管部门负责审批下列建设项目环境影响评价文件（国家审批项目除外）：

（一）可能对环境造成重大影响应当由省环境保护行政主管部门审批的建设项目；

（二）国务院环境保护行政主管部门委托省级环境保护行政主管部门审批的建设项目；

（三）跨设区市行政区域的建设项目。

第六条 设区市环境保护行政主管部门负责审批下列建设项目环境影响评价文件（国家、省审批项目除外）：

（一）可能对环境造成较大以上影响应当由设区市环境保护行政主管部门审批的建设项目；

（二）省政府及其投资主管部门审批、核准、备案但不列入第五条第一款第（一）项应当由省环境保护行政主管部门审批的非核与辐射类建设项目；

（三）设区市政府及其投资主管部门审批、核准、备案的建设项目；

（四）跨县（市、区）级行政区域的建设项目。

第七条 可能对环境造成重大影响应当由省环境保护行政主管部门审批的建设项目目录，以及可能对环境造成较大以上影响应当由设区市环境保护行政主管部门审批的建设项目目录，由省环境保护行政主管部门制订或者适时调整，经省人民政府批准后发布施行。

省环境保护行政主管部门适时对下放建设项目的环评管理情况进行评估，及时优化调整审批权限。

第八条 县级环境保护行政主管部门负责审批本行政区域内除应当由上级环境保护行政主管部门审批以外的建设项目的环境影响评价文件。

第九条 福州市、厦门市、泉州市、平潭综合实验区和漳州古雷石化基地、湄洲湾石化基地内的非核与辐射类建设项目，除国家环境保护行政主管部门审批的建设项目以及跨设区市行政区域、化工石化、火电、炼钢炼铁、有色冶炼应当由省环境保护行政主管部门审批的建设项目外，其余需报省环境保护行政主管部门审批的建设项目环境影响评价文件均由设区市环境保护行政主管部门负责审批。

第十条 加强敏感区域、敏感行业的源头防控。严格落实省政府关于重点流域建设项目环境准入的要求。同时，禁止在敖江流域塘坂水库以上流域范围和汀江流域新、扩建制浆造纸、印染、合成革及人造革项目；禁止在闽江、九龙江、敖江流域新建、扩建铬盐、氰化物生产项目。煤化工项目必须在沿海石化基地内布设。漳浦赤湖、晋江安东沿海皮革集控区以外禁止新建、扩建原皮加工项目（后整饰除外）；可慕皮革集控区只允许进行原皮加工项目整合提升，禁止新建、扩建。

第十一条 省环境保护行政主管部门可以将由其负责审批的部分建设项目的审批权限，委托给该项目所在地的设区市级环境保护行政主管部门。

第十二条 环境保护行政主管部门受理建设项目环境影响评价文件或竣工环保验收监测（调查）报告后，认为需要组织专家进行技术审查的，可自行组织或者委托组织专家技术审查。

在环境影响评价文件技术审查会结束之日起 7 个工作日内，有审批权的环境保护行政主管部门的下一级环境保护行政主管部门应当报送审查意见。

第十三条 已经完成规划环境影响评价的规划中包含的具体建设项目的环境影响评价可以在形式和内容上予以简化，未包含在规划中的具体建设项目不予简化。具体的简化要求应在规划环境影响评价及其审查意见中予以明确。

（一）已经完成规划环境影响评价的产业园区，在规划环境影响评价的有效期内，规划中已包含的具体建设项目除化工、石化、冶炼类项目以及其他排放重金属和持久性污染物的项目外，其余项目按环境保护部《建设项目环境影响评价分类管理名录》需编制环境影响报告书的，可简化为编制环境影响报告表。

（二）已经完成规划环境影响评价的大型居住区、商务区、旅游度假区以及大学城等区域，已经包含在规划内容中开发的具体建设项目，按分类管理名录需编制环境影响报告书的，可简化为编制环境影响报告表。

第十四条 未纳入《建设项目环境影响评价分类管理名录》的建设项目，原则上不需纳入建设项目环境影响评价审批管理。纳入分类管理名录但仅涉及配套设施、公用工程、辅助工程改扩建的建设项目，按照配套设施、公用工程、辅助工程类型编制环境影响评价文件。

第十五条 各级环境保护行政主管部门必须严格按照权限审批，下级环境保护行政主管部门越权审批、违反法定程序或者条件审批的，上级环境保护行政主管部门可以按照下列规定处理：

（一）依法撤销或者责令其撤销审批决定；

（二）对直接审批的责任人员，建议由任免机关或者监察机关依照有关法律、法规、规定进行处理。

第十六条 本《规定》确定的省、市、县级环境影响评价文件分级审批权限，未经省人民政府批准，设区市人民政府、环境保护行政主管部门不得擅自调整或者变更。

第十七条 本《规定》施行后，建设项目环境影响评价文件审批权限发生变化的，原负责审批的环境保护行政主管部门仍负责所审批的建设项目竣工环保验收。

本《规定》施行前已由省环境保护行政部门及其委托设区市环境保护行政部门审批的建设项目，凡本《规定》已明确审批权限属于设区市或者县级环境保护行政主管部门的，将项目的环保设施竣工验收、环保“三同时”监管、项目发生重大变化需重新审批环评、环境影响评价报告批复有效期超过 5 年需重新审核等相关审批权限同步下放。

第十八条 本《规定》自发布之日起施行，2014 年经省政府同意由福建省环境保护厅印发的《福建省建设项目环境影响评价分级审批规定》（闽环发〔2014〕14 号）同步废止。

附表：1. 属于环境保护部直接审批环境影响评价文件的建设项目目录（略）

2. 省环保厅负责审批环境影响评价文件的建设项目目录（2015 年本）

3. 设区市级环境保护部门负责审批环境影响评价文件的建设项目目录（2015 年本）

附表 2

福建省环保厅负责审批环境影响评价文件的建设项目目录（2015年本）

一、可能对环境造成重大影响应当由省环境保护行政主管部门审批的建设项目	
项目类别	项目投资规模或建设规模
（一）能源	火电：新建、扩建燃煤发电机组的火电项目。 热电：区域集中供热的燃煤热电站。 水电：新建总装机 1 万千瓦及以上的水电站项目。 电网工程：不跨省的±500 千伏及以上直流项目；不跨省的 500 千伏、750 千伏、1000 千伏交流项目
（二）交通运输	铁路、公路、水运：国家高速公路项目
（三）原材料	矿山开发：新建铜矿、铅矿开采项目。 有色冶金：有色金属矿冶炼项目（浮选除外）；新、扩建炼铁、炼钢项目（废铁、废钢再生利用除外）。 石化：新建乙烯项目；列入国务院批准的国家能源发展规划、石化产业规划布局方案的扩建一次炼油项目。 化工：新建对二甲苯（PX）、精对苯二甲酸（PTA）、二苯基甲烷二异氰酸酯（MDI）、甲苯二异氰酸酯（TDI）项目
（四）机械制造	汽车：新建整车项目
（五）轻工纺织化纤	电池：新建铅酸蓄电池项目。 造纸：南平、三明辖区的新建、扩大制浆能力的扩建植物制浆项目。 印染：南平、三明辖区的新建、扩大印染能力的扩建印染项目。 合成革及人造革：南平、三明辖区的新建、扩大制革能力的扩建合成革及人造革项目
（六）社会事业	大型主题公园
（七）核技术及电磁辐射	核技术应用：医疗使用Ⅰ类放射源项目；制备正电子发射计算机断层扫描（PET）用放射性药物（自用）项目；销售Ⅰ类、Ⅱ类、Ⅲ类放射源项目；使用Ⅱ类、Ⅲ类放射源项目；乙级、丙级非密封放射性物质工作场所项目；生产、销售、使用Ⅱ类射线装置项目；编制报告书及报告表的核技术利用退役项目。 电磁辐射设施：不由环保部审批的其他广播、电视发射台（站）等电磁辐射设施；南平、三明、龙岩辖区的移动通信基站项目
二、国务院环境保护行政主管部门委托省级环境保护行政主管部门审批的其他建设项目	
三、跨设区市行政区域的建设项目	

注：1. 不包括环境保护部审批的项目；

2. 表中未注明新建、扩建或技术改造的，包括新建、扩建或技术改造。

附表 3

设区市级环境保护部门负责审批环境影响评价文件的建设项目目录（2015 年本）

一、可能对环境造成较大以上影响应当由设区市环境保护行政主管部门审批的建设项目	
项目类别	项目投资规模或建设规模
（一）能源	电力：供热改造等其余火电项目；企业自备热电站；分布式燃气发电项目；抽水蓄能电站。 电网工程：220 千伏及以下的输变电项目。 石油、天然气：国家原油存储设施；进口液化天然气接收、储运设施；液化石油气接收、存储设施；油气输送干线管网项目。 煤矿：全部
（二）交通运输	铁路、公路、水运：除国家高速公路以外的其他项目。 民航：新建通用机场、扩建民用机场项目、扩建军民合用机场项目
（三）原材料	矿山开发：除国家和省审批之外的金属矿山开发、采选项目。 有色（含黑色）冶金：电镀、轧钢、合金制造项目；除国家和省审批之外的所有金属冶炼项目；焦炭项目。 化工石化医药：电石项目；改扩建对二甲苯（PX）、精对苯二甲酸（PTA）、二苯基甲烷二异氰酸酯（MDI）、甲苯二异氰酸酯（TDI）项目；铬盐、氰化物生产项目；除国家和省审批之外的编制环境影响报告书的化工、石化、医药项目。 稀土：稀土深加工项目、冶炼分离项目
（四）机械制造	汽车：除新建整车以外的汽车项目。 船舶：造船项目；民用船舶中、低速柴油机生产项目
（五）轻工纺织化纤	电池：迁建、改扩建铅酸蓄电池项目。 烟草：烟用二醋酸纤维素及丝束项目。 制盐：全部。 变性燃料乙醇：全部。 玉米深加工：全部。 纺织化纤：编制环境影响报告书的项目。 造纸：除南平、三明辖区的新建、扩大制浆能力的扩建植物制浆项目之外的制浆、造纸项目。 印染：除南平、三明辖区的新建、扩大印染能力的扩建印染项目之外的印染项目。 皮革：原皮（含生皮、蓝湿皮、白湿皮）加工项目。 合成革及人造革：除南平、三明辖区的新建、扩大制革能力的扩建合成革及人造革项目之外的合成革及人造革项目

（六）建材、城建及社会事业	建材：水泥制造项目。 城建：规划环境影响评价已通过审查的城市轨道交通项目；垃圾焚烧及发电项目；危险废物处置设施项目。 社会事业：涉及三级、四级生物安全实验室的建设项目
（七）核技术及电磁辐射	核技术应用：销售、使用Ⅳ类、Ⅴ类放射源项目；生产、销售、使用Ⅲ类射线装置项目；编制登记表的核技术利用退役项目。 电磁辐射设施：除南平、三明、龙岩辖区的移动通信基站项目
二、省政府及其投资主管部门审批、核准、备案但不列入附表2的非核与辐射类建设项目，以及附表2中编制环境影响报告表的项目	
三、设区市政府及其投资主管部门审批、核准、备案的建设项目	
四、跨县（市、区）级行政区域建设项目	

注：1. 不包括环境保护部和福建省环保厅负责审批的项目；

2. 表中未注明新建、扩建或技术改造的，包括新建、扩建或技术改造。

江西省（2015 年本）

江西省环境保护厅关于发布《江西省环境保护厅审批环境影响评价文件的建设项目目录（2015年本）》的通知

赣环评字〔2015〕138 号

各设区市人民政府及市环境保护局、各省直管县环境保护局、各县（市、区）环境保护局：

为进一步落实省委省政府简政放权有关要求，提高审批效能，根据《中华人民共和国环境影响评价法》《环境保护部审批环境影响评价文件的建设项目目录（2015 年本）》（公告 2015 年第 17 号），结合我省实际，我厅制定了《江西省环境保护厅审批环境影响评价文件的建设项目目录（2015 年本）》（见附件）。经省政府同意，现予发布，请遵照执行。同时就有关事项通知如下：

一、各设区市环境保护主管部门应合理划分环保部、省环保厅审批之外的建设项目审批权限，及时调整本级审批环境影响评价文件的建设项目目录，报设区市人民政府批准并发布实施。其中水库、畜禽养殖场、采选、化工、医药、造纸、工业废水集中处理、生活垃圾集中处置等《建设项目环境影响评价分类管理名录》中规定应编制环境影响报告书的建设项目及核与辐射类建设项目，原则上应由设区市环保部门审批。

二、建设项目竣工环境保护验收依照本目录执行，本目录以外已由我厅审批环境影响评价文件尚未验收的建设项目，委托项目所在地设区市环境保护部门办理竣工环境保护验收。

三、本目录发布后，南昌市等设区市仍按照省政府赋予其更大的经济社会管理权限的意见，享有相应的环保审批管理权限。

四、本通知自发布之日起实施。

附件：江西省环境保护厅审批环境影响评价文件的建设项目目录（2015年本）。

江西省环境保护厅
2015年10月18日

附件

江西省环境保护厅审批环境影响评价文件的建设项目目录（2015年本）

一、跨设区市行政区域的项目（环保部审批项目除外）。

二、除环境保护部审批之外，且应编制环境影响报告书的下列项目：

（一）能源：火力发电（包括热电站）；抽水蓄能电站以及在省内主要河流（赣江、抚河、修河、信江、饶河）上建设的水力发电项目；

（二）交通：高速公路、机场、城市快速轨道交通项目，煤炭、矿石、油气专用泊位，集装箱专用码头，由省投资主管部门核准的内河航运项目；

（三）冶金有色：炼铁炼钢项目，有色金属矿山开发项目，有色金属冶炼项目，稀土冶炼分离和深加工，黄金采选项目；

（四）石化：炼油项目，新建乙烯项目；

（五）化工：对二甲苯（PX）、二苯基甲烷二异氰酸酯（MDI）项目，农药原药制造，焦化项目；

（六）机械电子建材：汽车项目，水泥熟料制造，平板玻璃制造；

（七）轻工纺织：纸浆制造，毛皮制革，变性燃料乙醇，铅蓄电池生产；

（八）社会事业：国家级风景名胜区、国家自然保护区、全国重点文物保护单位区域内总投资5000万元及以上，以及世界自然和文化遗产保护区内总投资3000万元及以上的旅游开发和资源保护项目；大型主题公园；

（九）其他行业：电镀、印染、危险废物集中处置或综合利用项目。

三、核与辐射项目：

（一）按规定应当编制环境影响报告书和环境影响报告表的核技术应用项目；

（二）环境保护部审批外，且环境影响评价报告书中应当编制辐射评价专篇的伴生放射性矿开发利用项目；

（三）环境保护部审批外的电网工程（设区市审批的 110 kV 交流项目除外）；环境保护部审批外的其他电磁辐射设施及工程。

四、赣江、抚河、信江、饶河、修河五河和东江源头保护区内建设项目环境影响评价文件上收一级审批，即由县级环保部门审批的上收设区市环保部门审批，由设区市环保部门审批的上收省环保部门审批。

山东省（2017年本）

山东省环境保护厅关于发布山东省环境保护厅审批环境影响评价文件的建设项目目录（2017年本）的通知

鲁环发〔2017〕260号

各市人民政府，省政府有关部门：

为更好地服务新旧动能转换重大发展战略，深化“放管服”改革，根据《中华人民共和国环境影响评价法》和《环境保护部审批环境影响评价文件的建设项目目录（2015年本）》，参照《政府核准的投资项目目录（山东省2017年本）》，省环保厅对省级审批环境影响评价文件的建设项目目录进行了调整。经省政府同意，现将《山东省环境保护厅审批环境影响评价文件的建设项目目录（2017年本）》予以发布，并就有关事项通知如下：

一、各设区市环保局应根据环境保护部和省环保厅审批目录，结合环保机构垂直改革划定的职能和法律法规，及时明确本级建设项目环境影响评价文件审批权限，报同级人民政府批准后实施。其中，省级下放权限的发电（除燃煤外）、平板玻璃、船舶、轮胎、酿造、医药、化工、电镀、印染、危险废物集中处置、矿山开发、水泥、制浆造纸、炼油、乙烯、对二甲苯、二苯基甲烷二异氰酸酯、城市快速轨道交通、辐射类等项目须由设区的市环保局审批。

二、赋予济南、青岛、烟台市环保局除跨市和辐射类建设项目外的省级环境影响评价文件审批权限。

三、对确需建设的钢铁、电解铝、水泥、平板玻璃、船舶、炼油、轮胎、煤炭等过剩产能行业的建设项目，须取得主管部门的产能等量或减量置换确认文件，方可受理其环境影响评价文件。

四、要认真执行国家《建设项目环境影响评价分类管理名录》。对未纳入名录且不涉及环境敏感区域的建设项目，无须履行环境影响评价手续。

五、对环境影响大、环境风险高的建设项目，要严格环评审批，并强化事中事后监管。其中，市域边界 5 公里范围内新扩改建项目，其环评报告书评审（评估）时或审批前须主动征求相邻市的意见。对超过省重点污染物排放总量控制指标或者未完成省确定的环境质量目标的地区，省环保厅将实行流域、区域或行业限批。

六、本目录自发布之日起执行，有效期五年。《山东省环境保护厅关于发布山东省环境保护厅审批环境影响评价文件的建设项目目录（2015 年本）的通知》（鲁环发〔2015〕80 号）即行废止。

附件：山东省环境保护厅审批环境影响评价文件的建设项目目录（2017 年本）

山东省环境保护厅

2017 年 11 月 3 日

附件

山东省环境保护厅审批环境影响评价文件的建设项目目录（2017 年本）

一、水利

1．水利工程：涉及跨设区市（以下简称市）河流的建设项目。

二、能源

2．发电：燃煤火电站、热电站。

3．电网工程：省内 330 千伏及以上的，跨市的 110 千伏、220 千伏的送（输）变电工程。

4．输油管网（不含油田集输管网）：跨市的管网项目。

5．输气管网（不含油气田集输管网）：跨市的管网项目。

三、交通运输

6．新建（含增建）铁路：跨市的项目。

7．公路：跨市的国家高速公路网项目、地方高速公路项目，跨市的普通国道、省道和一级公路项目。

8．独立公（铁）路桥梁、隧道：跨市的项目。

9．内河航运：跨市的航道项目。

四、原材料

10．冶炼：符合省钢铁行业发展规划的炼钢、炼铁项目，有色金属冶炼项目。

五、机械制造

11．汽车：符合国务院批准的《汽车产业发展政策》的新建（含增建生产线）整车（在现有整车生产线上更换车型除外）项目。

六、社会事业

12．主题公园：大型主题公园项目。

七、辐射类

13．超过豁免水平的伴有辐射的建设项目，包括：生产放射性同位素，销售、使用Ⅰ类（医用除外）放射源，生产、销售、使用Ⅰ类射线装置；甲级非密封放射性物质工作场所；在野外进行放射性同位素示踪试验；Ⅰ类（仅含医用）、Ⅱ类、Ⅲ类放射源场所存在污染的，乙级非密封放射性物质工作场所的核技术应用退役。

八、环境保护部委托或省政府要求审批的其他项目。

河南省（2017 年本）

河南省环境保护厅关于下放部分建设项目环境影响评价文件审批权限的公告

河南省环境保护厅公告 2017 年第 23 号

为贯彻落实党中央、国务院和省委、省政府“放管服”改革的决策部署，提高建设项目环境管理效能，推进简政放权，根据《建设项目环境影响评价分类管理名录》（环保部令第 44 号）、《政府核准的投资项目目录（河南省 2017 年本）》调整情况，我厅对 2016 年第 10 号公告内容进行了调整，将其中部分项目环境影响评价文件审批权限再下放一批至省辖市、省直管县（市）环保部门。

各省辖市环保部门可根据本次下放情况以及县（市）环保部门承接能力，调整本级建设项目环境影响评价文件审批权限。由省辖市环保部门审批的编制环境影响报告书（表）的核与辐射项目，编制环境影响报告书的垃圾焚烧发电、背压式热电、风电、化工石化、医药、电镀、造纸、酿造、黑色金属压延加工、危废集中利用及处置、水利水电项目，不得下放至县（市、区）环保部门。

已由我厅审批过环境影响评价文件的建设项目，其变更环境影响评价管理工作按照新的审批权限办理。辐射安全许可证审批权限同辐射项目审批权限同步下放，编制环境影响登记表的核与辐射项目辐射安全许可证由省辖市环保部门办理。

本公告自发布之日起实施。

2017 年 12 月 22 日

河南省环境保护厅办公室

附件

河南省环境保护厅本次再下放的环境影响评价文件审批权限的建设项目目录

1．农业转基因项目、物种引进项目。

2．养殖项目。

3．跨省辖市、省直管县（市）河流上的水电项目。

4．燃气电站项目。

5．背压式热电联产项目（含燃煤锅炉余热余压发电）。

6．年生产能力1亿立方米及以上的煤层气开采项目。

7．改扩建通用机场项目。

8．除铅锌铜再生火法冶炼外的废渣中回收其他有价金属项目。

9．改扩建独立焦化项目。

10．电石制造项目。

11．农药原药制造项目。

12．发酵类制药项目。

13．合成类制药项目。

14．区域铅酸蓄电池行业规划环评通过省环保厅审查的铅蓄电池项目。

15．化学矿采矿及采选一体化项目。

16．陶瓷项目。

17．区域造纸行业规划环评通过省环保厅审查的废纸造纸项目。

18．以蓝湿皮为原料的生产成品革项目。

19．以玉米、小麦为原料的淀粉生产项目。

20．编制环境影响报告表的广播电台、差转台、电视塔台、卫星地球上行站、雷达。

21．使用数字减影血管造影装置、X射线深部治疗机、X射线探伤机、工业用X射线CT机的项目。

22．按照《建设项目环境影响评价分类管理名录》（环保部令44号），不跨省辖市、省直管县（市）的编制环境影响报告表的项目（核与辐射项目、涉密项目除外）。

湖北省（2015 年本）

湖北省环境保护厅关于发布《湖北省建设项目环境影响评价文件分级审批目录（2015年本）》的通知

鄂环发〔2015〕18 号

各市、州、直管市、神农架林区环境保护局：

为进一步规范建设项目环境影响评价文件分级审批工作，明确审批权责，根据《省人民政府关于发布政府核准的投资项目目录（湖北省 2015 年本）的通知》（鄂政发〔2015〕20 号）和《关于进一步调整建设项目环境影响评价分级审批权限的通知》（鄂环发〔2015〕11 号），我厅制定了《湖北省建设项目环境影响评价文件分级审批目录（2015 年本）》（以下简称《目录》），现下发执行。《目录》中未列举的建设项目环境影响评价文件审批权限按鄂环发〔2015〕11 号中分级审批权限执行。

附件：湖北省建设项目环境影响评价文件分级审批目录（2015 年本）

2015 年 10 月 19 日

附件

湖北省建设项目环境影响评价文件分级审批目录（2015年本）

一、省级环保行政主管部门审批环境影响评价文件的建设项目目录：

（一）农林水利

1. 省政府投资主管部门核准的涉及开荒的农业项目；

2. 在长江二级支流及以上、汉江二级支流及以上、跨市（州）河流上建设的水库项目；总库容1000万立方米及以上的水库项目；

3. 涉及长江、汉江和跨市（州）水资源配置调整的项目以及对其他市（州）造成影响的水事工程。

（二）能源

1. 在跨市（州）河流上建设的单站总装机容量1万千瓦及以上的水电站项目；

2. 抽水蓄能电站；

3. 涉及环境敏感区的总装机容量5万千瓦及以上的风力发电项目；

4. 火电站、热电站、垃圾焚烧及发电项目；

5. 国家规划矿区内新增年生产能力120万吨以下的煤炭开发项目；

6. 跨市（州）输油、输气干线管网（不含油田集输管网）。

（三）交通运输

1. 国家铁路网非干线铁路项目及地方铁路项目；

2. 高速公路、跨市（州）公路建设项目；

3. 跨越长江、汉江的独立公（铁）路桥梁、隧道；

4. 省级以上投资主管部门审批、核准或备案的长江、汉江上千吨级及以上的码头，煤炭、矿石、油气、集装箱专用泊位；

5. 千吨级及以上航电枢纽项目；

6. 改、扩建运输机场、军民合用机场项目，新、改、扩建通用机场项目。

（四）原材料

1. 省政府投资主管部门核准的铁矿、有色矿山开发项目，黄金采选矿项目；

2. 新建乙烯、二甲苯（PX）、二苯基甲烷二异氰酸酯（MDI）项目；

3．有色冶炼、炼钢炼铁、再生铅冶炼项目，稀土冶炼分离与深加工项目；

4．列入国务院批准的国家能源发展规划、石化产业规划布局方案的扩建炼油项目；

5．变性燃料乙醇项目。

（五）机械电子、轻工纺织

1．汽车整车制造项目；

2．铅蓄电池项目；

3．制浆造纸项目。

（六）社会事业

1．大型主题公园；

2．P3、P4 生物安全实验室；

3．省级以上投资主管部门审批、核准或备案的需编制环境影响报告书的危险废物和医疗废物处置设施项目；

4．国家级风景名胜区、国家自然保护区、全国重点文物保护单位区域内总投资 5000 万元及以上需编制环境影响报告书的旅游开发和资源保护项目，世界自然和文化遗产保护区内总投资 3000 万元及以上需编制环境影响报告书的建设项目。

（七）核与辐射

1．医疗使用Ⅰ类放射源，销售、使用Ⅱ类、Ⅲ类放射源，销售非密封放射性物质，制备 PET 用放射性药物，乙、丙级非密封放射性物质工作场所，跨市（州）生产、销售、使用Ⅱ类射线装置，在野外进行放射性同位素示踪试验的核技术利用项目；

2．跨市（州）110 千伏、220 千伏输变电项目，非跨省（自治区、直辖市）500 千伏输变电项目；

3．所有发射系统（广播电台、差转台、电视塔台、卫星地球上行站、雷达、无线通信）的项目。

二、市级环保行政主管部门审批环境影响评价文件的建设项目目录：

（一）农林水利

1．不涉及开荒的农业垦殖、非跨市（州）的原料林基地、畜禽养殖等农林牧渔类建设项目；

2．在长江二级支流以外、汉江二级支流以外河流上建设的总库容 1000 万立方米以下的非跨市（州）水库项目；

3．不涉及长江、汉江和跨市（州）水资源配置调整的项目；

4．非跨市（州）的河湖整治工程、防洪治涝工程、灌区工程。

（二）能源

1．在跨市（州）河流上建设的单站总装机容量1万千瓦以下的水电站项目；

2．总装机容量5万千瓦以下的风电站项目；

3．农林生物质发电项目（垃圾焚烧及发电项目除外）、燃气发电及其他综合利用发电项目；

4．非跨市（州）输油、输气管网，城市燃气管网，液化石油气接收及存储设施等建设项目。

（三）交通运输

1．企业自建铁路专用线；

2．非跨市（州）一级及以下等级的公路项目；

3．非跨越长江、汉江以外的独立公路桥梁及隧道；

4．长江、汉江上千吨级以下的码头，市级及以下投资主管部门审批、核准或备案的长江、汉江上改、扩建码头项目，非长江、汉江上的码头、泊位项目；

5．非跨市（州）千吨级以下航电枢纽项目。

（四）机械电子、轻工纺织

1．汽车整车制造外的汽车制造项目；

2．废纸造纸。

（五）社会事业

1．中、小型主体公园；

2．由省政府投资主管部门核准的省属社会事业项目；

3．除省级审批外的其他危险废物和医疗废物处置项目。

（六）核与辐射

1．销售、使用Ⅳ类、Ⅴ类放射源，非跨市（州）生产、销售、使用Ⅱ类射线装置，生产、销售、使用Ⅲ类射线装置的建设项目；

2．非跨市（州）110千伏、220千伏输变电项目，工业、科学、医疗设备的电磁能应用项目（包括介质加热设备、感应加热设备、微波加热设备、豁免水平以上的电疗设备、射频溅射设备等）。

湖南省（2017 年本）

关于印发《湖南省环境保护行政主管部门审批环境影响评价文件的建设项目目录（2017年本）》的通知

湘环发〔2017〕19 号

各市（州）、县（市、区）环境保护局：

为加快职能转变、简政放权，适应环保系统垂直管理要求，进一步规范建设项目环评分级审批，我厅制定了《湖南省环境保护行政主管部门审批环境影响评价文件的建设项目目录（2017 年本）》，经省人民政府同意，现予印发，请认真执行。

1. 各市（州）应结合环保垂直管理实际，及时依法调整和明确市（州）、县（市、区）审批权限并公告实施，省级下放的水力发电、化工石化医药（环保部、省级审批目录项目除外）、采选、废纸造纸、印染等建设项目审批权限不得再下放县（市、区）。

2. 各级环境保护部门要以改善环境质量为核心，严格建设项目环境影响评价管理，切实加强事中事后监管，服务全省绿色发展。

3. 本《通知》自发布之日起实施，《湖南省环境保护行政主管部门审批环境影响评价文件的建设项目目录（2015 年本）》及与本《通知》不一致的其他相关文件内容即行废止。

附件：《湖南省环境保护行政主管部门审批环境影响评价文件的建设项目目录（2017 年本）》

湖南省环境保护厅

2017 年 10 月 24 日

附件

湖南省环境保护行政主管部门审批环境影响评价文件的建设项目目录（2017年本）

一、火力发电（含热电）、综合利用发电环评报告书项目，生活垃圾、污泥焚烧发电项目。

二、风电项目，总装机5万千瓦及以上水力发电项目（环保部审批的除外）。

三、对二甲苯（PX）项目，投资5000万元（含）以上的农药制造、化学药品制造、氯碱、煤化工及投资5亿元（含）以上其他石化项目（环保部审批的除外）。

四、炼钢、炼铁（含球团、烧结）项目，锰、铬冶炼项目。

五、有色金属冶炼项目，电解铝项目。

六、稀土冶炼分离项目，铌、钽、锆及氧化锆、钒和石煤开发利用等需要编制辐射环境影响评价专篇的项目。

七、黄金采选项目。

八、国家、省政府投资主管部门审批、核准、备案的公路新建项目，高速公路、铁路项目，机场扩建及新建通用机场项目（环保部审批的除外），规划环评已通过环保部审查的城市轨道交通项目。

九、汽车、摩托车整车制造环评报告书项目。

十、电镀项目，印刷电路板项目，铅酸蓄电池拆解、制造项目。

十一、制革、毛皮鞣制项目。

十二、水泥制造项目。

十三、除废纸造纸外的制浆及制浆造纸项目。

十四、危险废物处置、利用项目。

十五、大型主题公园项目。

十六、辐射类项目（仅含III类射线装置单位除外）。

十七、“二区三园”（生态红线）环评报告书项目。

十八、选址跨市州区域、跨流域的建设项目。

十九、法律法规明确的必须由省环境保护行政主管部门审批的其他建设项目。

广东省（2017年本）

关于发布广东省环境保护厅审批环境影响报告书（表）的建设项目名录（2017年本）的通知

粤环〔2017〕45号

各地级以上市环境保护局、深圳市人居环境委员会、顺德区环境运输和城市管理局：

根据《中华人民共和国环境影响评价法》《建设项目环境影响评价文件分级审批规定》（环境保护部令第5号）和《广东省建设项目环境影响评价文件分级审批办法》，我厅对省审批环境影响评价文件的建设项目名录进行了调整，制定了《广东省环境保护厅审批环境影响报告书（表）的建设项目名录（2017年本）》（以下简称《名录》），现予发布。

请根据本通知及时调整辖区内除环境保护部2015年第17号公告及本《名录》以外的建设项目环境影响报告书（表）审批权限，具体名录报我厅审查后依法发布实施。其中，原《广东省环境保护厅审批环境影响评价文件的建设项目名录（2015年本）》规定由我厅审批，本《名录》规定不再由我厅审批的建设项目环境影响报告书（表）由地级以上市环境保护部门审批。

本《名录》自2017年7月1日起施行，《广东省环境保护厅审批环境影响评价文件的建设项目名录（2015年本）》同时废止。

附件：广东省环境保护厅审批环境影响报告书（表）的建设项目名录（2017年本）

广东省环境保护厅

2017年6月23日

附件

广东省环境保护厅审批环境影响报告书（表）的建设项目名录（2017年本）

一、跨地级以上市行政区域的项目。

二、可能造成跨地级以上市行政区域不良环境影响，有关环境保护行政主管部门对环境影响评价结论有争议的建设项目。

三、可能造成重大环境影响的下列建设项目（广州、深圳市辖区内建设项目除外）：

（一）应编制环境影响报告书的下列建设项目：

1．水利：跨流域引（取）水工程；新建、扩建库容1亿立方米及以上的水库。

2．能源：火力发电（热电）项目（背压式热电项目除外）；综合利用发电（热电）项目（背压式热电项目除外）；新建、扩建总装机容量1万千瓦及以上水电站；抽水蓄能电站；油田、气田开发项目。

3．交通运输：新建国家高速公路项目；新建、扩建千吨级及以上航电枢纽项目；涉危险化学品码头；扩建运输机场；军民合用机场。

4．采掘冶金：新建金属矿及砷矿开发项目；炼钢炼铁项目；轧钢项目（采用天然气为燃料的除外）；以矿石为原料的金属冶炼项目；电解铝、氧化铝生产项目；电石、焦炭生产项目。

5．石化：列入国务院批准的国家能源发展规划、石化产业规划布局方案的扩建一次炼油项目；新建乙烯生产项目；新建沥青生产项目（沥青改性项目除外）。

6．医药化工：化学药品、农药制造项目；新建精对苯二甲酸（PTA）、对二甲苯（PX）、二苯基甲烷二异氰酸酯（MDI）、甲苯二异氰酸酯（TDI）生产项目；煤制甲醇、二甲醚、烯烃、油及天然气等煤化工项目；铬盐、氰化物生产项目。

7．机械建材：新建汽车整车生产项目；新建10万吨级及以上造船设施（船台、船坞）项目；新建拆船项目；水泥熟料生产项目；平板玻璃生产项目。

8．轻工：化学制浆、化机浆项目；年产20万吨及以上造纸项目；酒精生产项目；变性燃料乙醇生产项目。

9．社会事业：大型主题公园。

10. 基础设施：危险废物（医疗废物除外）集中处置项目；新建、增加类别的改扩建危险废物综合利用项目。

（二）电镀（含配套电镀工序）、印染（设漂染工序）、鞣革（以原皮和蓝湿皮等为原料）项目。

统一定点基地内和省环境保护厅组织审查通过的行业整治发展规划环评的上述项目由地级以上市环保部门审批。

（三）东江、西江、北江、韩江流域新增工业废水日均排水量 5000 吨及以上项目。

四、涉核与辐射项目

（一）按规定应当编制环境影响报告书、报告表的核技术应用项目；

（二）纳入《矿产资源开发利用辐射环境监督管理名录》，并且原矿、中间产品、尾矿（渣）或者其他残留物中铀（钍）系单个核素含量超过 1 贝可/克的矿产资源开发利用项目；

（三）一站多台卫星地球上行站、多台雷达探测系统以及其他由省政府或省政府有关部门审批的电磁辐射建设项目。

五、本名录中未注明新建、扩建和技术改造的，包括新建和增加生产规模或增加污染物排放种类、总量的扩建和技术改造。

广东省环境保护厅办公室

2017 年 6 月 23 日印发

广西壮族自治区（2015 年本）

环境保护厅关于印发《广西壮族自治区建设项目环境影响评价文件分级审批管理办法》（2015年修订）的通知

桂环发〔2015〕29 号

各市、县人民政府，自治区人民政府各组成部门、各直属机构：

为落实《广西壮族自治区人民政府关于取消下放调整一批行政审批项目的决定》（桂政发〔2014〕69 号）的要求，根据《关于发布〈环境保护部审批环境影响评价文件的建设项目目录〉的公告》（环境保护部 2015 年公告第 17 号）等有关规定，我厅对《广西壮族自治区建设项目环境影响评价文件分级审批管理办法（2014 年修订）》（桂环发〔2014〕10 号）进行了修订。经自治区人民政府同意，现将《广西壮族自治区建设项目环境影响评价文件分级审批管理办法》（2015 年修订）印发给你们，请遵照执行。

附件：广西壮族自治区建设项目环境影响评价文件分级审批管理办法（2015 年修订）

广西壮族自治区环境保护厅

2015 年 10 月 26 日

附件

广西壮族自治区建设项目环境影响评价文件分级审批管理办法（2015 年修订）

第一条 为落实《环境保护部审批环境影响评价文件的建设项目目录（2015 年本）》（环境保护部公告 2015 年第 17 号）和《自治区人民政府关于取消下放调整一批行政审批项目的决定》（桂政发〔2014〕69 号）的要求，进一步简政放权，提高效率。根据《中华人民共和国环境保护法》《中华人民共和国环境影响评价法》《中华人民共和国放射性污染防治法》《建设项目环境影响评价文件分级审批规定》《放射性同位素与射线装置安全许可管理办法》，结合本自治区实际情况，制定本办法。

第二条 本办法所称环境影响评价文件是指环境影响报告书、环境影响报告表和环境影响登记表的统称。

第三条 建设项目应当依法进行环境影响评价，并在取得有审批权的环境保护行政主管部门批复同意后，方可开工建设。

第四条 县级以上环境保护行政主管部门按照规定的权限审批建设项目环境影响评价文件，在审批前环境影响报告书原则上须委托评估机构开展技术评估，环境影响报告表可根据实际需要开展技术评估，委托技术评估所需费用纳入环评审批部门预算，评估机构不得另行收费。

第五条 环境保护部负责审批的建设项目环境影响评价文件，按环境保护部规定执行。环境保护厅审批下列建设项目的环境影响评价文件：

（一）跨设区市行政区域的建设项目。

（二）可能造成跨设区市行政区域环境不良影响，有关环境保护行政主管部门对项目的环境影响评价结论有争议的建设项目。

（三）环境保护部委托省级环境保护行政主管部门审批的建设项目。

（四）列入本办法附件的建设项目。

第六条 环境保护部、环境保护厅审批权限以外的建设项目，其环境影响评价文件的审批权限，由设区市环境保护行政主管部门根据本办法并结合当地情况提出，报设区市人民政府批准后施行。

下列建设项目的环境影响评价文件由设区市环境保护行政主管部门审批。

（一）辐射类和涉密工程项目。

（二）跨县级行政区域的建设项目。

（三）可能造成跨县级行政区域环境不良影响，且有关环境保护行政主管部门对项目的环境影响评价结论有争议的建设项目。

（四）能源开发、金属冶炼、煤矿和金属矿采选、水泥熟料、制药、纺织、印染、化工、石化、船舶、制浆造纸、淀粉、酿造、电石、垃圾焚烧和填埋处置、医疗废物集中处置且需编制环境影响报告书的建设项目和涉及自然保护区且需编制环境影响报告书的建设项目。

第七条 环境保护行政主管部门超越法定职权、违反法定程序做出的环境影响评价文件审批决定，上级环境保护行政主管部门有权予以撤销。被审批人的合法权益由此受到损害的，由原审批部门依法给予赔偿。

第八条 法律、法规、规章对建设项目环境影响评价文件审批另有规定的，从其规定。

第九条 本办法附件中项目未注明新建或扩建的，包括新建、扩建。其中，新建项目包括新建和异地迁建项目，扩建项目包括扩建和技术改造项目。

第十条 环境保护厅建设项目竣工环境保护验收依照本办法附件目录执行，目录以外已由环境保护厅审批环境影响评价文件的建设项目，委托项目所在地设区市环境保护行政主管部门办理竣工环境保护验收。

第十一条 本办法自2015年11月1日起施行，《广西壮族自治区建设项目环境影响评价文件分级审批管理办法（2014 年修订）》同时废止。

附：广西壮族自治区环境保护厅审批环境影响评价文件的建设项目目录（2015年本）

附

广西壮族自治区环境保护厅审批环境影响评价文件的建设项目目录（2015年本）

一、水利

水库：库容10亿立方米及以上的水库项目。

二、能源

水电站：总装机容量为5万千瓦至50万千瓦（不含50万千瓦）的水电站项目。

燃煤电站：火电、热电项目（背压机组项目除外）。

送（输）变电：500千伏及以上项目。

石油：油田开发项目。

天然气：气田开发项目。

三、交通

铁路：非国家铁路网中干线铁路的项目（站场连接线及支线除外）。

公路：地方高速公路项目。

水运：内河千吨级通航建筑物航运项目；年吞吐能力1000万吨以下煤炭、矿石、油气、危险品专用泊位；在沿海建设的年吞吐能力100万标准箱以下的集装箱专用码头。

民航：投资5亿元及以上的扩建民用机场项目和扩建军民合用机场项目。

四、原材料

钢铁：炼铁（包括烧结、球团、焦化、直接还原、熔融还原）项目；炼钢项目。

有色：有色金属矿采选项目（不含金矿），有色金属冶炼项目。

稀土：冶炼分离项目。

水泥：新建水泥熟料生产项目（含协同处置生活垃圾、危险废物项目）。

五、化工石化

炼油：列入国务院批准的国家能源发展规划、石化产业规划布局方案的扩建一次炼油项目。

化工：新建对二甲苯（PX）、二苯基甲烷二异氰酸酯（MDI）项目。

六、机械

汽车：汽车整车项目。

民航飞行器：6 吨/9 座以下通用飞机和 3 吨以下直升机制造项目。

七、轻工

造纸：竹木制浆项目；新建非竹木制浆项目（再生浆项目除外）。

酒精：新建酒精、变性燃料乙醇项目。

皮革：制革项目（不涉及鞣革的除外）。

电池：新建涉及铅、镉、铬、汞、砷排放的电池及其材料制造项目。

八、城建

轨道交通：城市快速轨道交通项目。

危废处置：危险废物处置中心项目（医疗废物处置除外）。

九、社会事业

公园：大型主题公园。

旅游：涉及自然保护区总投资 5000 万元及以上的项目。

其他：F1 赛车场项目。

十、辐射类

广播电台、差转台：中波 50 千瓦以上的项目；短波 100 千瓦以上的项目；涉及环境敏感区的项目。

电视塔台：100 千瓦以上的项目。

卫星地球上行站：一站多台的项目。

雷达：多台雷达探测系统项目。

无线通信：跨设区市的一址多台的项目和多址发射系统的项目。

核技术应用及退役：除生产、销售、使用Ⅲ类射线装置和销售、使用Ⅳ、Ⅴ类放射源外的项目。

伴生放射性：伴生放射性矿物资源的采选、冶炼加工、废渣再利用项目；伴生放射性矿物资源的废渣处理、贮存和处置项目。

十一、涉密工程

编制环境影响报告书的秘密及机密项目。

十二、外商投资

除本目录 1 至 9 项以外的《外商投资产业指导目录》中总投资（含增资）5000 万美元及以上的限制类项目。

海南省（2017 年本）

海南省人民政府办公厅关于印发《海南省建设项目环境影响评价文件分级审批管理规定（试行）》和《海南省建设项目环境影响评价文件分级审批目录（2017年本）》的通知

琼府办〔2017〕209 号

各市、县、自治县人民政府，省政府直属有关单位：

《海南省建设项目环境影响评价文件分级审批管理规定（试行）》和《海南省建设项目环境影响评价文件分级审批目录（2017 年本）》已经省政府同意，现印发给你们，请认真贯彻执行。

海南省人民政府办公厅

2017 年 12 月 14 日

海南省建设项目环境影响评价文件分级审批管理规定（试行）

第一条 为进一步加强和规范我省建设项目环境影响评价文件审批管理，明确审批权责，根据《中华人民共和国环境影响评价法》《建设项目环境保护管理条例》《建设项目环境影响评价文件分级审批规定》和《海南省环境保护条例》等有关规定，结合我省实际，制定本规定。

第二条 本省行政区域内建设项目环境影响评价文件的分级审批适用本办法。有关海洋工程和军事设施建设项目的环境影响评价文件的分级审批，依据有关法律法规规定执行。

第三条 建设项目环境影响评价文件的分级审批权限，原则上按照国家及省有关规定和建设项目对环境影响程度等确定，省、市县（区）环境保护行政主管部门按照规定权限审批建设项目环境影响评价文件。

第四条 建设项目所在地环境保护行政主管部门应参与上级环境保护行政主管部门的审批工作，并依法对建设项目实施环境监督管理。

第五条 省环境保护行政主管部门原则上负责审批下列建设项目环境影响评价文件：

（一）对环境可能造成重大影响的建设项目；

（二）跨市县行政区域的建设项目；

（三）法律、法规、规章规定及环境保护部、省政府确定由省环境保护行政主管部门负责审批的建设项目。

第六条 市县环境保护行政主管部门原则上负责审批对环境可能造成轻度影响的建设项目。设区的地级市政府可根据海南省建设项目环境影响评价文件分级审批目录规定权限和实际情况，制订、发布本市建设项目环境影响评价文件分级审批目录，并抄送省环境保护行政主管部门。

第七条 涉及环境敏感区、社会关注度高，可能造成跨行政区域的不良环境影响的建设项目，有关环境保护行政主管部门对该项目的环境影响评价结论有争议的，其环境影响评价文件由共同的上一级环境保护行政主管部门审批。

第八条 下级环境保护行政主管部门超越审批权限、违反法定程序或条件作出环境影响评价文件审批决定的，上级环境保护行政主管部门可以依法撤销或者责令其撤销审批决定，并追究相关人员的行政责任。

第九条 海南省建设项目环境影响评价文件分级审批目录由省级环境保护行政主管部门根据国家和省有关法律法规制定，报省政府批准后发布，并可根据实际情况适时调整。

第十条 本规定自印发之日起施行。此前本省建设项目环境影响评价文件审批权限的有关规定同时停止执行。

第十一条 本规定由省生态环境保护厅负责解释。

海南省建设项目环境影响评价文件分级审批目录
（2017 年本）

根据《建设项目环境影响评价分类管理名录》和本省相关法规规定制定本目录。

一、省级环境保护行政主管部门审批的建设项目

（一）《环境保护部审批环境影响评价文件的建设项目目录》和本目录规定市县环境保护行政主管部门审批权限之外的编制环境影响报告书类的建设项目；

（二）水力发电，再生橡胶制造、橡胶加工、橡胶制品制造及翻新，核与辐射类中应编制报告表的建设项目；

（三）其他法律法规规定应由省级环境保护行政主管部门审批的建设项目。

二、设区的市级环境保护行政主管部门审批的建设项目

（一）编制环境影响报告书的建设项目。

1．食品制造业。

有提炼工艺的方便食品制造；年加工 20 万吨及以上乳制品制造；含发酵工艺的味精、柠檬酸、赖氨酸、酱油、醋等制造；除单纯混合和分装外的饲料添加剂、食品添加剂制造；有提炼工艺的营养食品、保健食品、冷冻饮品、食用冰制造及其他食品制造。

2．烟草制品业。

年产 30 万箱及以上卷烟。

3．卫生。

新建、扩建床位 100 张及以上的医院、专科防治院（所、站）、社区医疗、卫生院（所、站）、血站、急救中心、疗养院等其他卫生机构；新建疾病预防控制中心。

4．社会事业与服务业。

涉及环境敏感区的影视基地建设。

5．水利。

新建 5 万亩及以上、改造 30 万亩及以上灌区工程；新建大中型防洪治涝工程；涉及环境敏感区的河湖整治。

（二）编制环境影响报告表的建设项目。

除第一条第二款外应编制环境影响报告表的项目。

三、其他市县环境保护主管部门审批的建设项目

（一）编制环境影响报告书的建设项目。

1．卫生。

新建、扩建床位100张及以上的医院、专科防治院（所、站）、社区医疗、卫生院（所、站）、血站、急救中心、疗养院等其他卫生机构；新建疾病预防控制中心。

2．社会事业与服务业。

涉及环境敏感区的影视基地建设。

3．水利。

新建5万亩及以上、改造30万亩及以上灌区工程；新建大中型防洪治涝工程；涉及环境敏感区的河湖整治。

（二）编制环境影响报告表的建设项目。

除第一条第二款外应编制环境影响报告表的建设项目。

重庆市（2016 年本）

重庆市环境保护局关于印发重庆市建设项目环境影响评价文件分级审批规定（2016年版）的通知

渝环发〔2016〕17 号

各区县（自治县）环保局，各经开区环保局，市环保局各分局：

为贯彻落实新修改的《环境影响评价法》，按照分类精准放权的有关要求，进一步规范建设项目环境影响评价文件审批，我局制定了《重庆市建设项目环境影响评价文件分级审批规定（2016 年版）》，现印发给你们，请遵照执行。

重庆市环境保护局

2016 年 9 月 23 日

重庆市建设项目环境影响评价文件分级审批规定（2016 年版）

为规范我市建设项目环境影响评价文件审批工作，坚持“分类精准下放”“放管服结合”，提高审批效率，根据《环境保护部审批环境影响评价文件的建设项目目录（2015 年本）》（环境保护部公告 2015 年第 17 号）和《重庆市企业投资项目核准目录（2015 年版）》（渝府发〔2015〕12 号）等规定，制定本规定。

一、对列入国家《建设项目环境影响评价分类管理名录》（环保部第 33 号令）的应当编制环境影响评价报告书和报告表（以下简称“环评文件”）的项目，依照《环境影响评价法》《建设项目环境保护管理条例》和《重庆市环境保护条例》等有关法律法规办理审批手续；对应当填报环境影响登记表的项目，按照建设项目环境影响登记表备案管理相关办法进行备案管理。

建设单位应将环评文件按《重庆市建设项目环境影响评价文件分级审批目录（2016年版）》（见附件，以下简称《目录》）规定报有审批权的环保部门审批。

二、市环保局负责审批下列项目（详见《目录》）的环评文件：

（一）环境保护部委托省级环境保护行政主管部门审批的建设项目；

（二）可能对环境造成重大影响的建设项目。

三、两江新区直接管理区域内，除环境保护部负责审批的建设项目外，其余建设项目环评文件由市环保局两江新区分局负责审批。

四、跨区县（自治县）的水库、水电站，抽水蓄能电站、输油输气管网、输变电、公路、铁路、桥梁、内河航运等项目环评文件，可由建设项目涉及的主要区县（自治县）、经开区环保部门牵头，会同有关区县（自治县）、经开区环保部门协商一致后联合审批。协商不一致可报市环保局审批。

五、本市各级环境保护行政主管部门应当以改善环境质量、优化经济发展为目标，严格落实“谁审批谁负责”原则，认真执行规划环境影响评价与建设项目环境影响评价的联动机制，进一步加强规划环境影响评价空间管制、总量管控和环境准入等政策要求，建立环评文件审批责任追究制度，规范环评文件审批流程，实行集体决策。进一步完善公众参与、信息公开、监督检查、档案管理、廉政建设等规章制度，规范审批人员行为。强化环评文件技术审查，确保环评文件审批质量。

六、各区县（自治县）环保局、各经开区环保局要不断加强基础能力建设，配备专业仪器设备，加强人员教育培训，为做好建设项目环境影响评价和“三同时”监管工作提供保障。各区县（自治县）、经开区环保局在现有基础上提升监督管理能力后，可向市环保局申请扩大建设项目环境影响评价文件审批权限。

七、各级环保部门要建立建设项目台账与日常巡查制度，加强建设项目日常监督管理。对未批先建、批建不符和未验先投等违反建设项目环境保护法律法规的行为，应依法查处。对环境保护部和市环保局审批的建设项目，要纳入日常监管，并将监管中发现的问题及时向市环保局报告。

八、建设项目竣工环境保护验收依照本规定《目录》执行。

九、各区县（自治县）、经开区环保局在建设项目环评文件审批中出现错误的，市环保局可以进行纠正。对建设项目环评管理存在严重问题的区县（自治县）、经开区环保局，市环保局可以暂时上收其部分或全部环评文件审批权；情节严重的，可以对有关区县（自治县）、经开区实施环境保护区域限批。

十、本规定自发布之日起 30 日后实施。

附件：重庆市建设项目环境影响评价文件分级审批目录（2016 年版）

附件

重庆市建设项目环境影响评价文件分级审批目录（2016 年版）

项目类别	环保部审批项目	市环保局审批项目	区县环保局审批项目
农林水利	1. 在跨界河流、跨省河流上建设的水库； 2. 涉及跨界河流、跨省水资源配置调整的水事工程	/	其他
能源	1. 在跨界河流、跨省河流上建设的单站总装机 50 万千瓦及以上水电站； 2. 核电厂； 3. 跨境、跨省±500 千伏及以上直流项目，跨境、跨省 500 千伏、750 千伏、1000 千伏交流项目； 4. 国家规划矿区内新增年生产能力 120 万吨及以上煤炭开发项目； 5. 跨境、跨省输油输气干线管网项目（不含油气田集输管网）	1. 新建、扩建火电站； 2. 新建、扩建燃煤热电站； 3. 风电站； 4. ±400 千伏和非跨省（区、市）±500 千伏及以上直流电网，220 千伏和非跨省（区、市）的 500 千伏、750 千伏、1000 千伏交流电网	其他
交通运输	1. 跨省新建（增建）铁路，国家铁路网中的干线铁路； 2. 在沿海新建年吞吐能力 1000 万吨及以上的煤炭、矿石、油气专用泊位； 3. 在沿海建设年吞吐能力 100 万标准箱及以上的集装箱专用码头； 4. 跨省高等级航道的千吨级及以上航电枢纽； 5. 新建运输机场	1. 新建一、二类通用机场，扩建军民合用机场； 2. 国家高速公路	其他

项目类别	环保部审批项目	市环保局审批项目	区县环保局审批项目
机械电子	/	1. 新建汽车整车项目； 2. 新建电镀项目； 3. 干线支线飞机、通用飞机和直升机制造、民用卫星制造； 4. 新改扩建电路板项目； 5. 新建、扩建铅酸蓄电池项目	其他
轻工纺织	/	1.新建、扩建化学制浆造纸、废纸造纸及印染项目	其他
原材料	1. 稀土矿山开发项目； 2. 新建炼油及扩建一次炼油项目（不包括列入国家能源发展规划、石化产业规划布局方案的扩建项目）； 3. 年产超过20亿立方米的煤制天然气项目，年产超过100万吨的煤制油项目，年产超过100万吨的煤制甲醇项目，年产超过50万吨的煤经甲醇制烯烃项目	1. 新建、扩建矿石炼铁项目； 2. 除新建炼油及扩建一次炼油以外的炼油项目，列入国家能源发展规划、石化产业规划布局方案的炼油扩建项目，变性燃料乙醇项目； 3. 新建乙烯、精对苯二甲酸（PTA）、对二甲苯（PX）、二苯基甲烷二异氰酸酯（MDI）、甲苯二异氰酸酯（TDI）项目； 4. 新建稀土冶炼分离和深加工项目； 5. 新建黄金采选项目； 6.新建、扩建化工和化学合成制药项目，总投资1亿元及以上的化工技改和化学合成制药技改项目（万州区、涪陵区、长寿区除外）； 7. 电解铝、氧化铝项目，新建和扩建铅及再生铅冶炼项目	其他（其中，万州区、涪陵区、长寿区可以审批本辖区内除环保部、市环保局审批以外的所有化工项目和化学合成制药项目（新建乙烯、精对苯二甲酸（PTA）、对二甲苯（PX）、二苯基甲烷二异氰酸酯（MDI）、甲苯二异氰酸酯（TDI）项目除外）；其他区县审批总投资1亿元以下的化工技改和化学合成制药技改项目）
城建 社会事业	特大型主题公园	1. 大型主题公园； 2. 城市快速轨道交通； 3.主城区新建、扩建生活垃圾焚烧发电项目； 4. 日调水50万吨及以上、或者跨区县（自治县）调水的城市供水项目； 5.危险废物（含医疗废物）集中处置或综合利用项目	其他

项目类别	环保部审批项目	市环保局审批项目	区县环保局审批项目
核与辐射	1．核设施； 2．铀（钍）矿及由国务院或国务院有关部门审批的伴生放射性矿开发利用项目； 3．国务院或国务院有关部门审批的电磁辐射设施及工程	1．豁免水平以上，除移动通信基站、100千瓦以下广播电视发射台以外的电磁辐射项目； 2．豁免水平以上，除使用III类射线装置、Ⅳ、Ⅴ类放射源以外的核技术利用项目	其他
涉密工程	绝密工程	/	其他
其他行业	国务院或国务院授权有关部门审批的其他编制环境影响报告书的项目	/	环境保护部、市环保局和市环保局两江新区分局负责审批环评文件以外的项目

四川省（2018年本）

关于调整建设项目环境影响评价文件审批权限的公告

2018年第4号

为进一步简政放权，提高环境管理效能，明确环评审批权责，根据环境保护部《关于发布〈环境保护部审批环境影响评价文件的建设项目目录（2015年本）〉的公告》（环境保护部公告2015年第17号）《建设项目环境影响评价分类管理名录》（环境保护部令 第44号）有关规定，结合我省建设项目环境管理实际，我厅对建设项目环境影响评价文件分级审批权限进行了调整。经省政府同意，现将我省建设项目环境影响评价文件审批权限予以公告。

一、环境保护厅建设项目环境影响评价文件审批权限按照《四川省环境保护厅审批环境影响评价文件的建设项目目录》（以下简称《目录》）执行。我省将根据生产工艺技术进步、污染防治技术发展和环境保护管理要求，适时调整该目录。

二、已经完成环境影响评价文件审批的建设项目，其调整、变更的环境影响评价文件审批权限按本公告分级审批规定执行。

三、除环境保护部、环境保护厅审批的项目外，市（州）环境保护部门负责审批下列类型的建设项目环境影响评价文件。

（一）按照《建设项目环境影响评价分类管理目录》，应编制环境影响报告书的项目；

（二）除环境保护部、环境保护厅审批的项目外，按照《建设项目环境影响评价分类管理目录》，应编制环境影响报告表的铁路、水运、油库和气库、石油和天然气开采、煤炭洗选和配煤、型煤和水煤浆生产、有化学处理或喷漆工艺的轻工类制品、屠宰、机场导航台站等配套工程、规模2万吨/天及以上生活污水集中处理、工业废水集中处理、220千伏及以下的输变电工程。使用III类放射源、丙级非密封放射性物质工作场所、使用血管造影用II类X射线装置的核技术利用项目及相应需要退役的项目。

四、《目录》以外的跨市（州）建设项目环境影响评价文件，可由涉及的主要市（州）环境保护部门牵头，会同有关市（州）环境保护部门协商一致后联合审批。协商不一致的报环境保护厅审批。

五、环境保护部、环境保护厅和市（州）环境保护部门审批权限以外的建设项目环境影响评价文件，由县（市、区）环境保护部门负责审批。扩权试点县（市）环境保护部门还负责审批第三条第二款所列的本行政区内建设项目（核与辐射类项目除外）环境影响评价文件。

六、成都市环境保护局的建设项目环境影响评价文件审批权限按照《四川省人民政府办公厅关于下放成都市部分审批权限的复函》（川办函〔2015〕72 号）和本公告要求执行。

七、未设立环境保护行政管理机构、不具备环境保护监管能力的各类工业园区（包括高新技术产业开发区、经济技术开发区和工业集中发展区）不得审批建设项目环境影响评价文件。

八、各级环境保护部门要按照环境保护部《关于以改善环境质量为核心加强环境影响评价管理的通知》（环环评〔2016〕150 号）要求，落实“生态保护红线、环境质量底线、资源利用上线和环境准入负面清单”约束，建立项目环评审批与规划环评、现有项目环境管理、区域环境质量联动“三挂钩”机制，有效发挥环评制度从源头防范环境污染和生态破坏的作用，加快推进我省环境质量改善。

九、各级环境保护部门要加强环境影响评价文件审批能力、技术评估能力建设，切实提高行政效能，依法依规履行审批职责。

十、环境保护厅验收的建设项目依据《目录》执行。目前，环境保护部门仅对建设项目需配套建设的噪声或者固体废物污染防治设施进行竣工环境保护验收。《目录》以外已由环境保护厅审批了环境影响评价文件的建设项目，委托项目所在地市（州）环境保护部门验收。

本公告自发布之日起实施，与公告规定不一致的其他相关文件内容即行废止。

附件：四川省环境保护厅审批环境影响评价文件的建设项目目录（2018 年本）

附件

四川省环境保护厅审批环境影响评价文件的建设项目目录（2018年本）

行业类别	项目目录
（一）酒、饮料制造业	有发酵工艺的白酒、酒精制造
（二）造纸和纸制品业	纸浆制造（含废纸制浆）
（三）石油加工、炼焦业	精炼石油产品制造项目（在现有项目基础上调整产品结构，但不新增产品种类的除外）；炼焦；煤制合成气；煤制液体燃料；新建乙烯；对二甲苯（PX）、对苯二甲酸（PTA）、二苯基甲烷二异氰酸酯（MDI）、甲苯二异氰酸酯（TDI）项目
（四）化学原料和化学制品制造业	含焙烧工艺的锂盐制造；钛白粉、海绵钛等钛制品制造；农药制造；合成材料制造；炸药及火工产品制造；多晶硅制造
（五）医药制造业	化学药品制造；发酵类抗生素制造
（六）非金属矿物制品业	水泥制造；平板玻璃制造；含焙烧的石墨、碳素制品
（七）黑色金属冶炼和压延加工业	黑色金属冶炼（铁合金制造除外）
（八）有色金属冶炼和压延加工业	有色金属冶炼（含再生有色金属冶炼）
（九）汽车制造业	新建汽车整车制造（仅组装的除外）
（十）电气机械和器材制造业	铅蓄电池制造（仅组装的除外）；专业电镀项目
（十一）计算机、通信和其他电子设备制造业	印刷电路板、显示器件、含前工序的集成电路、含前工序的8英寸及以上半导体器件制造
（十二）电力、热力生产和供应业	火电（包括热电，不包括燃气发电）；环境保护部审批权限以外的水电；编制报告书的风电
（十三）环境治理业	新建危险废物（医疗废物、废矿物油除外）集中处置项目；水泥窑、钢铁行业、火电等协同处置危险废物项目；涉及五类重点控制重金属的危险废物综合利用项目
（十四）研究和试验发展	P3、P4生物安全实验室
（十五）社会事业与服务业	大型主题公园；涉及世界自然和文化遗产保护区、国家级自然保护区的编制报告书的旅游开发项目；高尔夫球场项目
（十六）煤炭开采和洗选	环境保护部审批权限以外的，国家规划矿区内生产能力30万吨/年及以上的煤炭开采项目
（十七）石油和天然气开采业	天然气、页岩气区块开发
（十八）有色金属矿采选业	有色金属采选

行业类别	项目目录
（十九）水利	在跨市（州）河流上建设且应编制环境影响报告书的水库；涉及跨市（州）水资源配置调整的且编制报告书的其他水事工程
（二十）交通运输业、管道运输业和仓储业	新建一类通用机场；扩建运输机场；危险化学品码头；航电枢纽工程；新建铁路（铁路专用线、联络线、货站、站场项目除外）；地铁；新建编制报告书的高速公路；涉及国家级自然保护区的编制报告书的公路（含独立桥梁、隧道）、码头；进口液化天然气接收、储运设施；编制报告书的跨市（州）输油（气）管线
（二十一）核与辐射	500 千伏及以上输变电工程；环境保护部审批权限以外的广播电台、差转台，电视塔台，卫星地球上行站，雷达；稀土深加工（含放射性）；环境保护部审批权限以外的伴生放射性矿产资源的采选、冶炼及废渣再利用；生产放射性同位素的，甲级、乙级非密封放射性物质工作场所，使用Ⅰ、Ⅱ类放射源的，销售（含建造）、使用Ⅰ类射线装置的，生产、使用Ⅱ类射线装置（使用血管造影用Ⅱ类 X 射线装置除外）的核技术利用项目及相应需要退役的项目；在野外进行放射性同位素示踪试验项目

贵州省（2018 年本）

贵州省环境保护厅关于印发《省级环境保护部门审批环境影响评价文件的建设项目目录（2018年本）》的通知

黔环通〔2018〕145 号

各市（州）环境保护局、贵阳市生态文明建设委员会，贵安新区环境保护局，仁怀市、威宁县环境保护局：

一、为深入贯彻省委、省政府的决策部署，大力推进环评审批简政放权，科学规范环评审批行为，提高审批效率和环境管理效能，根据《中华人民共和国环境影响评价法》《环境保护部公告》（2015 年第 17 号以及 2017 年第 44 号），经省政府同意，调整制定了《省级环保部门审批环境影响评价文件的建设项目目录》（2018 年本）（以下简称《2018 年本》），现予以公布。

二、对涉及跨市（州）的公路、水库、水电站、输油（气）管网、独立公（铁）路桥梁、独立隧道等建设项目环评文件，除环境影响报告表外，均由省级环境保护主管部门审批。

三、建设项目竣工环境保护验收，由建设单位自行网上备案并公开相关信息。

四、其他未列入《建设项目环境影响评价分类管理名录》、可能产生较大环境影响或环境风险的新兴产业项目，由省级环保部门确定其环评分类及审批权限，并报生态环境部备案。

五、除生态环境部和省环境保护厅审批的建设项目以及涉密建设项目外，其他建设项目环境影响报告书和除辐射类外的所有建设项目环境影响报告表均由市（州）环境保护部门负责审批。辐射类的建设项目，严格按照本通知执行。

六、坚持战略环评先行、规划环评优先的原则，实施“三线一单”的管控要求，对高质量完成规划环境影响报告书的规划内建设项目，其环评内容可根据规划环评结论和审查意见予以简化。

七、贵安新区、省直管县（市）同时享有市（州）级建设项目环境影响评价文件审批权限。

本通知自省以下监察、监测部门垂直改革方案颁布实施之日起施行，黔环通〔2015〕269 号与本通知不一致的其他相关规定即行废止。

附件：贵州省环境保护厅审批环境影响评价文件的建设项目目录

贵州省环境保护厅

2018 年 6 月 19 日

附件

贵州省环境保护厅审批环境影响评价文件的建设项目目录

一、水利

水库：总库容 1000 万立方米及以上的项目。

引水工程：跨流域调水项目。

二、能源

水力发电：单机总装机容量 5 万千瓦（含）以上或水库总库容 1000 万立方米及以上的项目，抽水蓄能电站。

火力发电（含热电）：全部。

生物质发电：生活垃圾焚烧发电、污泥发电项目。

煤炭：国家规划矿区内 120 万吨以下项目。

油气开采：页岩气开发项目；年生产能力 1 亿立方米及以上的煤层气开采（含净化、液化）。

三、运输

铁路：新建、增建项目（除 30 公里及以下铁路联络线和 30 公里及以下铁路专用线之外）；地方城际铁路项目。

公路：高速公路网项目（不包括独立的高速公路连接线工程）。

枢纽：航电枢纽工程。

机场：飞行区扩建；通用机场。

码头：单个泊位1000吨及以上内河港口的货物通用码头；单个泊位3000吨及以上内河港口的集装箱专用码头。

航道：航道工程。

城市轨道交通：全部。

四、原材料

石化：除环保部审批外的原油加工、天然气加工、油母页岩等提炼原油、煤制油、生物制油及其他石油制品项目。

煤化工（含煤炭液化、气化）：除环保部审批外的项目。

有色金属：采、选项目。

黄金：采、选项目。

稀土：深加工项目。

触媒生产及废触媒利用处置：全部。

五、冶炼

黑色金属：球团、烧结、炼铁（包括直接还原、熔融还原）、炼钢项目。

有色金属：除工业硅以外的其他冶炼项目。

贵金属：黄金、稀有金属等冶炼项目。

铅蓄电池、废铅蓄电池等项目：全部。

六、制造

汽车：按照国务院批准的《汽车产业发展政策》的汽车整车项目。

医药：生物、生化类医药制品；化学药品制造项目。

皮革、毛皮、羽毛（绒）制品：制革、毛皮鞣制的项目。

造纸：除废纸（或溶解浆）以外的纸浆、纤维浆等制造项目。

印染：全部。

电镀：全部。

七、治理

一般工业固体废物：Ⅱ类废渣填埋处置场（临时暂存场除外）。

医疗废物集中处置项目：焚烧类项目。

危险废物：除暂存、转运以外的利用及处置项目。

八、社会事业

大型主题公园。

九、军工

全部项目。

十、外商投资

《外商投资产业指导目录》中总投资（含增资）3亿美元以下限制类项目。

十一、核与辐射

输变电工程：500千伏、220千伏交流项目；涉及跨市（州）220千伏以下交流项目。

核技术应用：制备PET用放射性药物的；医疗使用Ⅰ类放射源的；使用Ⅱ类、Ⅲ类放射源的；生产、使用Ⅱ类射线装置的（除DSA项目）；乙、丙级非密封放射物质工作场所。

铀矿地质勘查及伴生放射性矿产资源开发利用项目；全部电磁辐射设施及工程：除通信基站外的项目。

云南省（2015年本）

关于发布《云南省环境保护厅审批环境影响评价文件的建设项目目录（2015年本）》的通知

云环发〔2015〕66号

各州（市）环境保护局，省直各相关部门：

根据《环境影响评价法》和环境保护部公告（2015年第17号），为进一步简政放权，提高环境管理效能，省环境保护厅对公告以外的建设项目环境影响评价文件审批权限进行了调整。经省人民政府批准，现将《云南省环境保护厅审批环境影响评价文件的建设项目目录（2015年本）》予以发布，并就有关事项通知如下：

一、除环境保护部审批权限以外，列入《云南省环境保护厅审批环境影响评价文件的建设项目目录》（以下简称《目录》）的建设项目的环境影响评价文件，由省环境保护厅负责审批。

根据生产工艺技术进步、污染防治技术发展和环境保护要求，省环境保护厅将适时调整《目录》并公布实施。

二、除环境保护部和省环境保护厅审批权限以外，建设项目环境影响评价文件审批权限，由各州（市）环境保护局按照建设项目的环境影响程度，结合当地实际及时提出分级审批建议，报同级人民政府批准后公布实施。

其中，核与辐射或者法律、法规规定，以及按照国家建设项目环境影响评价分类管理规定应当编制环境影响报告书的金属矿山及煤矿采选、钢铁加工、电镀、化工、农药、造纸、印染、酿造、味精、柠檬酸、酶制剂、酵母、碳素、石墨、石棉制品、垃圾填埋等建设项目的环境影响评价文件，由州（市）环境保护局负责审批。

三、《目录》以外已由省环境保护厅审批环境影响评价文件的建设项目，竣工环境保护验收委托项目所在州（市）环境保护局审批；建设项目环境影响评价文件审批后发生重大变动的，按调整后的分级审批权限重新报批建设项目环境影响评价文件，不属于重大变动的纳入竣工环境保护验收管理。

四、本通知自2016年1月10日起实施，与本通知不一致的其他文件相关内容即行废止。

附件：云南省环境保护厅审批环境影响评价文件的建设项目目录（2015年本）

云南省环境保护厅

2015年12月10日

附件

云南省环境保护厅审批环境影响评价文件的建设项目目录（2015年本）

一、农业水利

农业：农业转基因项目、物种引进项目；

水库：库容3000万立方米及以上的水库，日取水量1万立方米及以上的地下水开采工程。

二、能源

电站：火电（含热电），生物质发电，风力发电，除单纯利用余热、余压、余气（含煤层气）外的综合利用发电项目，单站总装机5万千瓦及以上水力发电项目；

电网工程：±500千伏及以上直流项目，500千伏、750千伏、1000千伏交流项目；

油气：石油开采，天然气、页岩气开采（含净化）项目；

煤炭：年产30万吨以上的煤炭开发项目，年产1亿立方米及以上的煤层气开采项目。

三、原材料

采选：金矿、砷矿，有色金属（含单独尾矿库，年产10万吨以下的独立采矿除外），铁矿（露天开采和年产 15 万吨及以上的地下开采），年产 50 万吨及以上的磷矿项目；

冶炼：有色金属（含再生）、合金制造，稀土冶炼分离、深加工项目，钢铁（含球团、烧结）、铁合金，工业硅，锰、铬冶炼项目；

石化：原油加工，油母页岩提炼原油、生物制油及其他石油制品，新建乙烯项目、改扩建新增产能超过 20 万吨的乙烯项目，新建烯烃、对二甲苯（PX）、精对苯二甲酸（PTA）、二苯基甲烷二异氰酸酯（MDI）、甲苯二异氰酸酯（TDI）项目；

化工：煤制甲醇、二甲醚、烯烃、油及天然气，年产 50 万吨级以上钾肥，焦化、电石、铬盐、氰化物生产项目；

建材：平板玻璃、水泥制造项目。

四、机械电子

汽车、摩托车整车，铁路机车、车辆、动车组，航空航天器，船舶制造；铅蓄电池制造；卫星电视接收机及关键件等生产项目。

五、轻工

糖业烟酒：原糖生产，年产 30 万箱及以上卷烟，有发酵工艺的酒精饮料及酒类制造项目；

其他：制革，制浆造纸，变性燃料乙醇，轮胎制造，再生橡胶制造项目。

六、交通运输

道路：铁路（含大型铁路枢纽）；高速公路，跨大江大河（通航段）的独立公路桥梁、隧道；

机场：新建一类通用机场，改扩建运输机场；

航运：1000 吨级及以上的航道工程；油气、液体化工码头，集装箱专用码头，单个泊位 1000 吨级及以上的内河港口。

七、社会事业

城建：轨道交通，生活垃圾焚烧，危险废物（含医疗废物）集中处置及综合利用项目；

旅游：缆车、索道，涉及国家级风景名胜区、全国重点文物保护单位的总投资 5000 万元及以上旅游开发和资源保护设施；

娱乐：高尔夫球场、大型主题公园；

信息产业：国内干线传输网（含广播电视网）、国际电信传输电路、国际关口站、专用电信网的国际通信设施及其他涉及信息安全的电信基础设施，国际关口站及其他涉及信息安全邮政基础设施项目。

八、核与辐射

电磁辐射设施：广播电台、差转台，电视塔台，卫星地球上行站，雷达，机场导航台站；

核技术利用：生产放射性同位素，销售、使用Ⅰ、Ⅱ、Ⅲ类放射性源，销售（含建造）、使用Ⅰ类射线装置，生产、销售、使用Ⅱ类射线装置核技术利用项目，甲级、乙级非密封放射性物质工作场所，野外放射性同位素示踪试验项目，退役项目（编制环境影响登记表的除外）；

伴生放射性矿：采选、冶炼加工以及废渣处理、贮存、处置和再利用项目。

九、其他

跨州（市）行政区域的建设项目；

国家级、省级自然保护区内的建设项目，州（市）级、县（市、区）级自然保护区内总投资1000万元以上的建设项目；世界自然和文化遗产保护区内总投资3000万元及以上的建设项目；

法律、法规、规章以及环境保护部和省人民政府确定由省级环境保护部门审批环境影响评价文件的建设项目。

西藏自治区（2018 年本）

关于印发《西藏自治区环境保护厅下放环境影响评价文件审批权的建设项目目录（2018年本）》的通知

各地（市）环境保护局：

2018 年 4 月 28 日，生态环境部发布生态环境部 1 号令，对《建设项目环境影响评价分类管理名录》（原环境保护部令第 44 号，以下简称《名录》）的部分内容进行了修改。为深入落实放管服改革要求，进一步加大简政放权力度，我厅对生态环境部审批环评的建设项目目录以外的建设项目环评审批权限再次进行调整，制定了《西藏自治区环境保护厅下放环境影响评价文件审批权的建设项目目录（2018 年本）》。经自治区人民政府同意，现印发你们执行，并将相关事宜通知如下。

一、各地（市）环境保护局应根据本通知，及时调整公告目录内的建设项目环境影响评价文件审批权限，对于我厅下放的环境影响评价文件审批权的建设项目，不得层层下放到各县环境保护局。要严格按照国家法律法规要求，严格环境准入，落实环境保护“一票否决”制度，认真落实环评审批的法律法规和政策要求。

二、各地（市）环境保护局在项目审批过程中，应严格按照《名录》和《西藏自治区环境保护厅下放环境影响评价文件审批权的建设项目目录（2018 年本）》的规定，认真做好建设项目分级分类审批，规范环评审批行为，遵守环评审批程序，坚决杜绝“违规审批”“越权审批”等违法违规行为。同时，积极主动做好环评审批服务，改进工作方式方法，服务政府和相关部门决策，服务企业合法经营。

三、建设项目竣工环境保护验收依照本目录执行，目录内已由自治区环境保护厅审批环境影响评价文件的建设项目，委托项目所在地地市级环境保护部门办理竣工环境保护验收。

四、各地（市）环境保护局应严格按照国家环境保护法律法规和廉洁从政有关要求，完善审批人员管理制度，依法公开、公正、公平地开展建设项目环评审批，提高环评审批效率，严禁出现不作为、慢作为、乱作为和违法违纪行为，切实维护环境保护部门的良好形象。

五、我厅将组织相关部门对地（市）环评审批工作开展情况进行监督检查，并加强对各地（市）环境保护局环评审批情况的指导和环评审批管理工作的监管。

六、本通知自发布之日起实施，与本通知不一致的其他相关文件内容即行废止。

附件：西藏自治区环境保护厅下放环境影响评价文件审批权的建设项目目录（2018年本）

西藏自治区环境保护厅办公室

2018年7月5日

附件

西藏自治区环境保护厅下放环境影响评价文件审批权的建设项目目录（2018年本）

项目类别		下放审批权限范围
一、畜牧业		
1	畜禽养殖场、养殖小区	不涉及环境敏感区的项目
二、农副食品加工业		
2	粮食及饲料加工	全部
3	植物油加工	全部
4	制糖、糖制品加工	除原糖生产以外的项目
5	屠宰	年屠宰生猪10万头、肉牛1万头、肉羊15万只、禽类1000万只以下的项目
6	肉禽类加工	全部
7	水产品加工	全部
8	淀粉、淀粉糖	除含发酵工艺以外的项目
9	豆制品制造	全部

项目类别		下放审批权限范围
10	蛋品加工	全部
三、食品制造业		
11	方便食品制造	全部
12	乳制品制造	全部
13	调味品、发酵制品制造	除含发酵工艺的味精、柠檬酸、赖氨酸等制造以外的项目
14	盐加工	全部
15	饲料添加剂、食品添加剂制造	全部
16	营养食品、保健食品、冷冻饮品、食用冰制造及其他食品制造	全部
四、酒、饮料制造业		
17	酒精饮料及酒类制造	除有发酵工艺（以鲜葡萄或葡萄汁为原料年生产能力1000千升以上）以外的项目
18	果、菜汁类及其他软饮料制造	全部
五、纺织业		
19	纺织品制造	除有洗毛、染整、脱胶工段以外的项目；不产生缫丝废水、精炼废水的项目
六、纺织服装、服饰业		
20	服装制造	除有湿法印花、染色、水洗工艺以外的项目
七、皮革、毛皮、羽毛及其制品和制鞋业		
21	皮革、毛皮、羽毛（绒）制品	除制革、毛皮鞣制以外的项目
22	制鞋业	全部
八、木材加工和木、竹、藤、棕、草制品业		
23	锯材、木片加工、木制品制造	除有电镀或喷漆工艺且年用油性漆量（含稀释剂）10吨及以上的项目
24	人造板制造	全部
25	竹、藤、棕、草制品制造	除有喷漆工艺且年用油性漆量（含稀释剂）10吨及以上的项目
九、家具制造业		
26	家具制造	除有电镀或喷漆工艺且年用油性漆量（含稀释剂）10吨及以上的项目
十、造纸和纸制品业		
27	纸制品制造	全部
十一、印刷和记录媒介复制业		
28	印刷厂；磁材料制品	全部
十二、文教、工美、体育和娱乐用品制造业		
29	文教、体育、娱乐用品制造	全部

项目类别		下放审批权限范围
30	工艺品制造	除有电镀或喷漆工艺且年用油性漆量（含稀释剂）10 吨及以上的项目
十三、化学原料和化学制品制造业		
31	基本化学原料制造；农药制造；涂料、染料、颜料、油墨及其类似产品制造；合成材料制造；专用化学品制造；炸药、火工及焰火产品制造；水处理剂等制造	单纯混合或分装的项目
32	肥料制造	除化学肥料（单纯混合和分装除外）以外的项目
33	日用化学品制造	单纯混合和分装的项目
十四、医药制造业		
34	单纯药品分装、复配	全部
35	中成药制造、中药饮片制造	全部
36	卫生材料及医药用品制造	全部
十五、化学纤维制造业		
37	化学纤维制造	单纯纺丝
十六、橡胶和塑料制品业		
38	轮胎制造、再生橡胶制造、橡胶加工、橡胶制品制造及翻新	除轮胎制造、有炼化及硫化工艺以外的项目
39	塑料制品制造	除人造革、发泡胶等涉及有毒原材料及以再生塑料为原料以外的项目；有电镀或喷漆工艺且年用油性漆量（含稀释剂）10 吨以下的项目
十七、非金属矿物制品业		
40	水泥粉磨站	全部
41	砼结构构件制造、商品混凝土加工	全部
42	石灰和石膏制造、石材加工、人造石制造、砖瓦制造	全部
43	玻璃及玻璃制品	除平板玻璃制造以外的项目
44	玻璃纤维及玻璃纤维增强塑料制品	全部
45	陶瓷制品	全部
46	耐火材料及其制品	除石棉制品以外的项目
47	石墨及其他非金属矿物制品	除含焙烧的石墨、碳素制品以外的项目
48	防水建筑材料制造、沥青搅拌站、干粉砂浆搅拌站	全部
十八、黑色金属冶炼和压延加工业		
49	压延加工	全部

项目类别		下放审批权限范围
十九、有色金属冶炼和压延加工业		
50	压延加工	全部
二十、金属制品业		
51	金属制品加工制造	除有电镀或喷漆工艺且年用油性漆量（含稀释剂）10吨及以上的项目
52	金属制品表面处理及热处理加工	除有电镀工艺的、使用有机涂层的（喷粉、喷塑和电泳除外）、有钝化工艺的热镀锌以外的项目
二十一、通用设备制造业		
53	通用设备制造及维修	除有电镀或喷漆工艺且年用油性漆量（含稀释剂）10吨及以上的项目
二十二、专用设备制造业		
54	专用设备制造及维修	除有电镀或喷漆工艺且年用油性漆量（含稀释剂）10吨及以上的项目
二十三、电气机械和器材制造业		
55	电气机械及器材制造	除有电镀或喷漆工艺且年用油性漆量（含稀释剂）10吨及以上的、铅蓄电池制造以外的项目
56	太阳能电池片	除太阳能电池片生产以外的项目
二十四、计算机、通信和其他电子设备制造业		
57	计算机制造	全部
58	智能消费设备制造	全部
59	电子器件制造	全部
60	电子元件及电子专用材料制造	全部
61	通信设备制造、广播电视设备制造、雷达及配套设备制造、非专业视听设备制造及其他电子设备制造	全部
二十五、仪器仪表制造业		
62	仪器仪表制造	除有电镀或喷漆工艺且年用油性漆量（含稀释剂）10吨及以上的项目
二十六、废弃资源综合利用业		
63	废旧资源（含生物质）加工、再生利用	除废电子电器产品、废电池、废汽车、废电机、废五金、废塑料（除分拣清洗工艺的）、废油、废船、废轮胎等加工、再生利用以外的项目
二十七、电力、热力生产和供应业		
64	综合利用发电	单纯利用余热、余压、余气（含煤层气）发电的项目
65	生物质发电	利用农林生物质发电的项目
66	其他能源发电	除涉及环境敏感区的总装机容量5万千瓦及以上的风力发电以外的项目

项目类别		下放审批权限范围
67	热力生产和供应工程	全部
二十八、燃气生产和供应业		
68	煤气生产和供应工程	除煤气生产以外的项目
69	城市天然气供应工程	全部
二十九、水的生产和供应业		
70	自来水生产和供应工程	全部
71	生活污水集中处理	全部
72	工业废水处理	除新建、扩建集中处理以外的项目
73	海水淡化、其他水处理和利用	全部
三十、环境治理业		
74	脱硫、脱硝、除尘、VOCS 治理等工程	全部
75	危险废物（含医疗废物）利用及处置	除利用及处置的（单独收集、病死动物化尸窖（井）除外）以外的项目
76	一般工业固体废物（含污泥）处置及综合利用	除采取填埋和焚烧方式以外的项目
77	污染场地治理修复	全部
三十一、公共设施管理业		
78	城镇生活垃圾转运站	全部
79	城镇生活垃圾（含餐厨废弃物）集中处置	除焚烧处置方式以外的项目
80	城镇粪便处置工程	全部
三十二、房地产		
81	房地产开发、宾馆、酒店、办公用房、标准厂房等	全部
三十三、研究和试验发展		
82	专业实验室	除 P3、P4 生物安全实验室、转基因实验室以外的项目
83	研发基地	除含医药、化工类等专业中试内容的以外的项目
三十四、专业技术服务业		
84	矿产资源地质勘查（含勘探活动和油气资源勘探）	除详查、勘探以外的项目
85	动物医院	全部
三十五、卫生		
86	医院、专科防治院（所、站）、社区医疗、卫生院（所、站）、血站、急救中心、妇幼保健院、疗养院等其他卫生机构	全部

项目类别		下放审批权限范围
87	疾病预防控制中心	全部
三十六、社会事业与服务业		
88	学校、幼儿园、托儿所、福利院、养老院	全部
89	批发、零售市场	全部
90	餐饮、娱乐、洗浴场所	全部
91	宾馆饭店及医疗机构衣物集中洗涤、餐具集中清洗消毒	全部
92	高尔夫球场、滑雪场、狩猎场、赛车场、跑马场、射击场、水上运动中心	除高尔夫球场以外的项目
93	展览馆、博物馆、美术馆、影剧院、音乐厅、文化馆、图书馆、档案馆、纪念馆、体育场、体育馆等	全部
94	公园（含动物园、植物园、主题公园）	除特大型、大型主题公园以外的项目
95	旅游开发	除涉及环境敏感区的缆车、索道建设以外的项目
96	影视基地建设	不涉及环境敏感区的项目
97	胶片洗印厂	全部
98	驾驶员训练基地、公交枢纽、大型停车场、机动车检测场	全部
99	加油、加气站	全部
100	洗车场	全部
101	汽车、摩托车维修场所	全部
102	殡仪馆、陵园、公墓	全部
三十七、煤炭开采和洗选业		
103	洗选、配煤	全部
104	煤炭储存、集运	全部
105	型煤、水煤浆生产	全部
三十八、非金属矿采选业		
106	土砂石、石材开采加工	全部
三十九、水利		
107	水库	库容 1000 万立方米以下；不涉及环境敏感区的项目
108	灌区工程	全部
109	引水工程	除跨流域调水、大中型河流引水、涉及环境敏感区以外的项目
110	防洪治涝工程	全部
111	河湖整治	不涉及环境敏感区的项目

项目类别		下放审批权限范围
112	地下水开采	全部
四十、农业、林业、渔业		
113	农业垦殖	全部
114	农产品基地项目（含药材基地）	全部
115	经济林基地项目	全部
116	淡水养殖	全部
四十一、交通运输业、管道运输业和仓储业		
117	等级公路（不含维护，不含改扩建四级公路）	除三级以上等级公路以外的项目
118	铁路枢纽	除大型枢纽以外的项目
119	机场	除新建、迁建、飞行区扩建以外的项目
120	导航台站、供油工程、维修保障等配套工程	全部
121	滚装、客运、工作船、游艇码头	不涉及环境敏感区的项目
122	城市道路（不含维护，不含支路）	全部
123	城市桥梁、隧道（不含人行天桥、人行地道）	全部
124	长途客运站	全部
125	城镇管网及管廊建设（不含 1.6 兆帕及以下的天然气管道）	全部
126	石油、天然气、页岩气、成品油管线（不含城市天然气管线）	200 公里以下的项目；不涉及环境敏感区的项目
127	油库（不含加油站的油库）	全部
128	气库（含 LNG 库，不含加气站的气库）	全部
129	仓储（不含油库、气库、煤炭储存）	全部
四十二、核与辐射		
130	输变电工程	不涉及环境敏感区的项目
131	电视塔台	不涉及环境敏感区的项目
132	雷达	不涉及环境敏感区的项目

注：1．下放审批权限项目中不包括跨地（市）的建设项目和跨地（市）河流干流上的水利项目。

2．下放审批权限项目中核与辐射类不包括涉密类项目。

3．目录中各项“环境敏感区”的含义对照《名录》中相应条目环境敏感区的解释。

陕西省（2018 年本）

陕西省生态环境厅关于发布《陕西省生态环境厅审批环境影响评价文件的建设项目目录（2018年本）》的通知

各设区市人民政府、杨凌示范区管委会、西咸新区管委会，韩城市人民政府、神木市人民政府、府谷县人民政府：

根据《中华人民共和国环境影响评价法》和《环境保护部审批环境影响评价文件的建设项目目录（2015 年本）》（原环境保护部公告 2015 年第 17 号），我厅制定了《陕西省生态环境厅审批环境影响评价文件的建设项目目录（2018 年本）》（以下简称《目录》）。经省政府同意，现予发布，并就有关工作提出如下要求，请遵照执行。

一、及时调整市级、县级生态环境部门审批权限。市级生态环境部门应根据本通知要求，及时调整除原环境保护部公告 2015 年第 17 号及《目录》以外的建设项目环境影响报告书（表）审批权限，报市级人民政府批准并公告实施。市级、县级生态环境部门的审批权限调整，应充分考虑县级生态环境部门的承接能力，以建设项目的环境影响为核心，兼顾同级审批原则，县级生态环境部门原则上不享有市级审批权限。

按照省委、省政府《陕西省环保机构监测监察执法垂直管理制度改革实施方案》（陕办字〔2018〕15 号）精神，已经编制部门批准设立且实施垂直管理制度改革的开发区（高新区）生态环境部门可授予县级审批权限。未设立生态环境行政管理机构、不具备生态环境监管能力的各类园区及其下设部门（包括高新技术产业开发区、经济技术开发区和工业集中发展区等）不得审批建设项目环境影响评价文件。

二、下列建设项目的环境影响报告书（表）由市级生态环境部门审批：医疗废物和危险废物处置、利用，电镀，浓缩果汁，酿造，印染，味精，柠檬酸，酶制剂，酵母；丙级非密封放射性物质工作场所；Ⅱ类射线装置退役项目；110 kv输变电工程；涉及国家秘密的项目；《建设项目环境影响评价分类管理名录》中，原环境保护部公告2015年第17号及本《目录》以外应编制环境影响报告书的建设项目。韩城市生态环境部门享有市级审批权限，神木市、府谷县生态环境部门享有除辐射类项目以外的市级审批权限。

三、下列生态环境部门享有省级环评审批权限，可以审批除原环境保护部公告2015年第17号外，《目录》中的部分项目环境影响报告书（表）。

（一）西安市生态环境部门可以审批《目录》中除辐射类以外的所有项目环境影响报告书（表）。

（二）杨凌示范区和西咸新区生态环境部门可以审批《目录》中除火电站、热电站、炼铁炼钢、有色冶炼、国家高速公路、汽车、大型主题公园和辐射类等项目以外的环境影响报告书（表）。

（三）在中国（陕西）自由贸易试验区范围内的西安高新区、西安经开区、西安浐灞生态区和西安国际港务区生态环境部门，可以审批自贸区内《目录》中除火电站、热电站、炼铁炼钢、有色冶炼、国家高速公路、汽车、大型主题公园等项目以外的环境影响报告书（表）。

四、跨行业、复合型的建设项目，环境影响报告书（表）审批权限按其最高级别执行。

五、下级生态环境部门超越审批权限、违反审批程序作出的审批决定，上级生态环境部门应当依法撤销或责令撤销，并依法追究直接责任人员的责任。

六、已由我厅审批环境影响报告书（表）的建设项目，噪声和固体废物污染防治设施竣工环境保护验收权限按照以下原则确定。

（一）省政府第214号令中下放或委托市县环保部门的编制环境影响报告书的项目，下放至市级生态环境部门负责；编制环境影响报告表的项目，下放至县级生态环境部门负责。

（二）省政府第214号令和本《目录》范围外，编制环境影响报告书的建设项目，委托项目所在地市级生态环境部门负责。我厅受原环境保护部委托审批环境影响报告书（表）的建设项目的噪声和固体废物污染防治设施竣工环境保护验收，不在委托范围内。

七、生态环境部审批环境影响评价文件的建设项目目录调整后，下放的内容自动纳入《目录》，不再另行发文通知。

本《目录》自 2019 年 1 月 1 日起施行，《陕西省环境保护厅关于重新修订并印发〈陕西省建设项目环境影响评价文件分级审批办法〉的通知》（陕环发〔2014〕61 号）同时废止。

附件：陕西省生态环境厅审批环境影响评价文件的建设项目目录（2018 年本）

陕西省生态环境厅
2018 年 12 月 17 日

附件

陕西省生态环境厅审批环境影响评价文件的建设项目目录（2018 年本）

一、水利

水库：在跨市（区）河流上建设的编制报告书的项目。

其他水事工程：涉及跨市（区）水资源配置调整的项目。

二、能源

水力发电：生态环境部审批以外编制报告书的项目。

火力发电（含热电）：全部（燃气发电除外）。

生物质发电：生活垃圾、污泥发电项目。

综合利用发电：利用矸石、油页岩和石油焦等发电。

风力发站：除咸阳市、铜川市、延安市、榆林市、杨凌示范区、西咸新区外，其他各市辖区内的项目。

煤炭：生态环境部审批以外的新增产能的煤炭开发项目。

原油、天然气（含煤层气）开发：生态环境部审批以外的编制报告书的项目。

输油（气）管网：跨市（区）干线输油（气）管网项目。

三、交通运输

新建（含增建）铁路：城际铁路；生态环境部审批以外的跨市（区）铁路项目。

新建（含增建）公路：高速公路项目。

城市轨道交通：地铁项目；轻轨项目；磁浮项目；市域快速轨道项目。

民航：新建通用机场；扩建运输机场；扩建军民合用机场。

四、原材料

矿山开发：金属（黑色金属、有色金属）、黄金采选，尾矿库。

冶金：以矿石为原料的金属冶炼；炼钢炼铁；轧钢；电解铝、氧化铝；铁合金；电石。

焦化：全部（含兰炭）。

石化：生态环境部审批以外的石油制化学品和石油制燃料项目。

化工：生态环境部审批以外的煤制化学品和煤制燃料项目；纯碱和氯碱；聚酯项目。

水泥：熟料生产；水泥窑协同处置固体废物（含危险废物）项目。

稀土：深加工项目。

五、机械制造

汽车：新建整车（含发动机）制造项目。

六、轻工

造纸：纸浆、溶解浆、纤维浆等制造；造纸（含废纸造纸）项目。

皮毛制品：制革、毛皮鞣制项目。

七、社会事业

主题公园：大型主题公园。

实验室：涉及三级、四级生物安全实验室项目。

八、核与辐射

电离类项目：制备PET用放射性药物；使用Ⅰ、Ⅱ、Ⅲ类放射源；销售（含建造）、使用Ⅰ类射线装置，生产、使用Ⅱ类射线装置；甲级、乙级非密封放射性物质工作场所；在野外进行放射性同位素示踪试验。

电磁项目：330千伏及以上输变电工程项目；电视（调频）发射台及豁免水平以上的差转台；广播（调频）发射台及豁免水平以上的干扰台；豁免水平以上的无线电台；雷达系统。

九、其他

（一）由国务院或国务院授权有关部门审批、核准或备案的生态环境部审批以外的其他编制环境影响报告书。省政府或省政府授权有关部门审批的编制环境影响报告书的项目。

（二）跨市级行政区域的项目。

（三）其他法律法规（如陕西省秦岭生态环境保护条例）中明确要求由省级审批的项目。

甘肃省（2015 年本）

甘肃省环境保护厅
关于印发《甘肃省环境保护厅审批环境影响评价文件的建设项目目录（2015年本）》的通知

甘环发〔2015〕153 号

各市（州）环保局、兰州新区环保局、甘肃矿区环保局：

根据《中华人民共和国环境影响评价法》和《环境保护部审批环境影响评价文件的建设项目目录（2015 年本）》（环境保护部 2015 年第 17 号公告）以及甘肃省人民政府《政府核准的投资项目目录（2015 年本）》，对由我厅审批环境影响评价文件的建设项目目录进行了调整，现将《甘肃省环境保护厅审批环境影响评价文件的建设项目目录（2015 年本）》予以印发。

一、各市州环保局（含兰州新区、甘肃矿区）应根据本通知，及时调整本通知目录以外的建设项目环境影响评价文件审批权限。化工石化、电镀、印染、制革、酿造、味精、柠檬酸、电石、铁合金、焦炭、核与辐射、输变电工程、生物制品、危险废物（含医疗废物）集中处理处置等项目由市（设区）、州环保行政主管部门审批，不得继续下放审批权限。

二、将矿产资源探矿、农林牧渔、城市基础设施、城市快速轨道交通、工业“三废”资源综合利用、环境治理和生态恢复类项目不分投资主体与投资规模下放审批权。

三、建设项目竣工环境保护验收依照本通知目录执行，自本通知发布之日起，本目录以外已下放审批权的建设项目，已经由我厅审批环境影响评价文件的，其竣工环保验收和项目变更事项由项目所在地市（设区）、州环保行政主管部门办理。

本通知自发布之日起实施，原省环保厅建设项目环评分级审批相关文件与本通知不一致的内容即行废止。

附件：甘肃省环境保护厅审批环境影响评价文件的建设项目目录（2015年本）

甘肃省环境保护厅
2015年7月17日

附件

甘肃省环境保护厅审批环境影响评价文件的建设项目目录（2015年本）

一、水利

水库：除环保部审批的项目外，库容1000万立方米及以上项目；

其他水事工程：涉及跨市（州）水资源配置调整的项目。

二、能源

水电站：除环保部审批的项目外，单站总装机容量5万千瓦以上及在市（州）界河上建设的项目；抽水蓄能电站；

火电站、热电站；

电网工程：省内±500千伏及以上直流项目；省内1000千伏、750千伏、330千伏交流项目[330千伏主变增容改造工程由市（设区）、州环保局审批]；跨市（州）的220千伏、110千伏交流项目；

煤矿：国家规划矿区内新增年生产能力120万吨以下和其余一般煤炭开发项目[其中：矿井设计生产能力30万吨/年以下的煤炭开发项目由市（设区）、州环保局审批]；

国家原油存储设施项目；

输油管网（不含油田集输管网）：除环保部审批的项目外，跨市（州）行政区域的项目；

输气管网（不含油气田集输管网）：除环保部审批的项目外，跨市（州）行政区域的项目；

油田、气田开发项目。

三、交通运输

铁路：除环保部审批的项目外，全部（联络线、货站、站场项目除外）；

公路：国家高速公路网项目，普通国道网、省道网的一级公路项目；

民航：新建通用机场项目、扩建军民合用机场项目，既有机场的改扩建项目。

四、原材料

有色矿山开发：全部；

稀土：冶炼分离项目，稀土深加工项目；

石化：列入国务院批准的国家能源发展规划、石化产业规划布局方案的扩建一次炼油项目；新建乙烯项目；

化工：对二甲苯（PX）、二苯基甲烷二异氰酸酯项目（MDI）、精对苯二甲酸（PTA）、甲苯二异氰酸酯（TDI）项目；铬盐、氰化物生产项目；总投资5亿元及以上其他化工项目；

有色金属冶炼项目；

炼铁炼钢项目。

五、机械制造

新建汽车整车项目；

飞机制造。

六、轻工

制浆和制浆造纸项目；

日产300吨及以上聚酯项目；

年产30万箱及以上卷烟项目；

变性燃料乙醇。

七、社会事业

主题公园：总占地面积200亩及以上600亩以下，总投资2亿元及以上15亿元以下的中小型项目；

旅游：国家级风景名胜区、国家级和省级自然保护区、国家重点文物保护单位区域内总投资5000万元及以上旅游开发和资源保护项目，世界自然和文化遗产保护区内总投资3000万元及以上项目。

八、核与辐射

放射性：除环保部审批的项目外，伴生放射性矿物资源的采选、冶炼加工和废渣处理、贮存、处置及再利用项目（非放射性部分除外）；生产、销售、使用放射性同位素和射线装置项目[其中销售、使用Ⅳ、Ⅴ类放射源，生产、销售、使用Ⅲ类射线装置的项目由市（设区）、州环保局审批]；

电磁辐射设施：除环保部审批的项目外，一站多台卫星地球上行站、多台雷达探测系统、无线通信[其中单个移动通信基站由市（设区）、州环保局审批]、10千瓦以上广播电视发射台以及其他由省政府或省政府有关部门审批的电磁辐射设施及工程。

九、外商投资

《外商投资产业指导目录》限制类中的房地产项目和总投资（含增资）小于1亿美元的其他限制类项目。

前款规定之外的属于本目录第一至第九条所列项目，按照本目录第一至第九条的规定执行。

十、由省政府或省政府有关部门审批的其他应编制环境影响报告书的项目。环保部明确要求由省级环保行政主管部门审批的项目。

十一、跨市（州）行政区域的其他建设项目以及建设项目可能造成跨行政区域不良环境影响，有关环保行政主管部门对该项目的环境影响评价结论有争议的项目。

青海省（2015 年本）

关于印发《青海省省级环境保护主管部门审批环境影响评价文件的建设项目目录（2015年本）》的通知

青环发〔2016〕64 号

西宁市、海东市、海西州、海南州、海北州、黄南州、玉树州环境保护局，果洛州环保水利局，各县（区）环境保护主管部门：

根据《青海省人民政府办公厅转发省环境保护厅关于青海省建设项目环境影响评价文件分级审批规定的通知》（青政办〔2015〕192 号）要求，现将《青海省省级环境保护主管部门审批环境影响评价文件的建设项目目录（2015 年本）》印发施行，并就有关事项通知如下：

一、各级环保部门要认真遵照执行《青海省人民政府办公厅转发省环境保护厅关于青海省建设项目环境影响评价文件分级审批规定的通知》（青政办〔2015〕192 号）和《青海省省级环境保护主管部门审批环境影响评价文件的建设项目目录（2015 年本）》规定，规范建设项目环境影响评价审批和管理，加强全过程监管，更好服务全省经济社会发展。

二、建设项目竣工环境保护验收权限依照《青海省省级环境保护主管部门审批环境影响评价文件的建设项目目录（2015 年本）》执行，此前我厅已审批的目录之外的建设项目，其环境影响评价文件重新审批、重新审核和竣工环境保护验收由项目所在市（州）环保部门办理。

三、建设项目主要污染物（含重金属）排放总量指标前置审核要求按有关规定执行。

四、本目录自发布之日起施行，此前与本目录不一致的有关文件内容即行废止。

2016 年 3 月 2 日

青海省省级环境保护主管部门审批环境影响评价文件的建设项目目录（2015年本）

根据《青海省人民政府办公厅转发省环境保护厅关于青海省建设项目环境影响评价文件分级审批规定的通知》（青政办〔2015〕192号）制定本目录。本目录中所列建设项目，是指由省政府或省政府授权有关部门审批、核准、备案的省级管理建设项目。

一、水利

在跨市（州）河流上建设的和涉及跨市（州）行政区的水库、灌区工程、引水工程、防洪治涝工程、河湖整治工程项目。

二、农、林、牧、渔

农业转基因项目、物种引进项目。

三、煤炭

国家规划矿区内120万吨/年以下和国家规划矿区外煤炭开采项目；编制环境影响报告书的煤层气开采项目。

四、电力

编制环境影响报告书的火力发电（包括热电），总装机50万千瓦以下水力发电，生物质发电，综合利用发电项目；110千伏以上及跨市（州）行政区110千伏送（输）变电项目。

五、石油、天然气

石油开采，天然气、页岩气开采（含净化）项目；编制环境影响报告书的油库，气库项目；跨市（州）行政区的石油、天然气、成品油管线建设项目。

六、黑色金属

采选（单独尾矿库除外），炼铁、球团及烧结，炼钢，铁合金制造，锰、铬冶炼项目。

七、有色金属

采选（单独尾矿库除外），冶炼（含再生金属冶炼），合金制造项目。

八、非金属矿采选及制品制造

化学矿采选，石棉及其他非金属矿采选，水泥制造项目；编制环境影响报告书的采盐，玻璃及玻璃制品项目。

九、机械、电子

编制环境影响报告书的通用、专用设备制造，铁路运输设备制造，汽车、摩托车制造，自行车制造，船舶及相关装置制造，航空航天器制造项目。

十、石化、化工

原油加工、天然气加工、油母页岩提炼原油、煤制油、生物制油及其他石油制品，焦化、电石，煤炭液化、气化，化学品输送管线项目；编制环境影响报告书的基本化学原料制造，化学肥料制造，农药制造，涂料、染料、颜料、油墨及其类似产品制造，合成材料制造，专用化学品制造，炸药、火工制造项目。

十一、医药

化学药品制造，生物、生化制品制造项目。

十二、轻工

生物质纤维素乙醇生产，纸浆、溶解浆、纤维浆制造，造纸（含废纸造纸）项目；编制环境影响报告书的屠宰，调味品、发酵制品制造，皮革制品项目。

十三、纺织化纤

编制环境影响报告书的化学纤维制造，纺织品制造项目。

十四、公路

二级及以上等级公路，跨市（州）行政区域的三级公路项目。

十五、铁路

新建铁路；编制环境影响报告书的铁路改建、枢纽项目。

十六、民航机场

扩建运输机场、新建通用机场项目。

十七、水运

跨市（州）航道、水运辅助工程项目。

十八、城市交通设施

轨道交通项目。

十九、城市基础设施及房地产

危险废物（含医疗废物）集中处置项目。

二十、社会事业与服务业

大型主题公园。

二十一、核与辐射

编制环境影响报告书（表）的广播电台、差转台，电视塔台，卫星地球上行站，雷达，无线通信，放射性废物贮存、处理或处置；伴生放射性矿物资源的采选，冶炼加工，废渣处理、贮存和处置，废渣再利用；放射性物质运输，核技术应用（III类射线装置除外），核技术应用项目退役等项目。

二十二、其他

涉密工程项目；由省政府授权、委托或其他需要省级环境保护主管部门审批环评文件的项目；涉及自然保护区的项目，执行自然保护区有关法律法规。

青海省环境保护厅办公室

2016 年 3 月 2 日印发

宁夏回族自治区（2015 年本）

自治区人民政府办公厅关于印发《宁夏回族自治区建设项目环境影响评价文件分级审批规定》的通知

宁政办发〔2015〕83 号

各市、县（区）人民政府，自治区政府各部门、直属机构，中央驻宁各单位，区属各大型企业：

经自治区人民政府同意，现将《宁夏回族自治区建设项目环境影响评价文件分级审批规定（2015 年本）》印发给你们，请认真遵照执行。

宁夏回族自治区人民政府办公厅

2015 年 7 月 1 日

宁夏回族自治区建设项目环境影响评价文件分级审批规定（2015 年本）

为认真贯彻落实党中央、国务院及自治区关于深化行政审批制度改革的工作要求，进一步简政放权，提高行政效率和服务水平，强化建设项目“三同时”环境监管，根据环境保护有关法律法规、《宁夏回族自治区污染物排放管理条例》《国务院关于发布政府核准的投资项目目录（2014 年本）的通知》（国发〔2014〕53 号）、《环境保护部关于发布〈环境保护部审批环境影响评价文件的建设项目目录（2015 年本）〉的公告》（公告 2015 年第 17 号）及《自治区人民政府关于印发〈宁夏回族自治区企业投资项目备案和核准管理办法〉的通知》（宁政发〔2014〕115 号）等规定，结合我区实际，制定本规定。

第一条 全区各级环境保护部门应当以改善环境质量、优化经济发展为目标，切实发挥规划环境影响评价的调控约束作用。按照国家和自治区的规定，落实重点污染物排放总量前置要求。国家和自治区列为淘汰类的建设项目禁止审批，列为限制类的建设项目原则不批。

第二条 国家根据建设项目对环境的影响程度，对建设项目的环境影响评价实行分类管理，分为环境影响报告书、环境影响报告表和环境影响登记表（以下简称“报告书”“报告表”“登记表”），统称为环境影响评价文件。建设单位应依法组织对建设项目进行环境影响评价，并按照环境保护部《建设项目环境影响评价分类管理名录》（部令第33号）编制相应的环境影响评价文件。

第三条 依据《中华人民共和国环境影响评价法》等相关法律法规，全区范围的建设项目环境影响评价文件分为审批制和试行备案制管理。“报告书”“报告表”为审批制，“登记表”为备案制。备案管理的“登记表”类建设项目由项目所在地市、县（区）环境保护部门进行备案管理（输变电、核与辐射类“登记表”项目的备案管理由自治区环境保护厅负责）。自治区制订统一的“登记表”项目备案管理表样。

第四条 环境影响评价文件审批（备案）后，其性质、规模、建设地点、采用的生产工艺或者防治污染和生态破坏的措施发生重大变动的，建设单位应当重新报批（备案）环境影响评价文件。“报告书”“报告表”自批准之日起，超过法定有效期方决定该项目开工建设的，其“报告书”“报告表”须报原审批部门重新审核。环境影响评价文件未经审批（备案），项目不得开工建设。

第五条 火电站、热电站、炼铁炼钢、有色冶炼、国家高速公路、汽车整车制造、大型主题公园及跨设区市项目等的环境影响评价文件，由自治区环境保护厅审批（本规定所附“目录”）。风电、生物质发电、电石、金属锰、合金冶炼及制造、焦化、水泥、纸浆制造、二级及以上公路、污水处理厂、垃圾处理厂、脱硫脱硝工程、新建重点重金属排放项目、国家规划矿区外90万吨以下煤炭开采及生产、销售、使用Ⅲ类射线装置和不跨设区市的110千伏输变电工程项目的环境影响评价文件，由设区的市环境保护局（含宁东基地管委会环境保护局，以下简略）审批。其他项目下放项目所在地市、县（区）环境保护局同层级审批（备案）。

第六条 除燃煤电厂、抽凝式燃煤热电厂、风电场等项目需纳入国家依据总量控制制定的建设规划内，应事先取得自治区发展改革委同意开展项目前期工作的通知外，其他建设项目的环境影响评价文件的审查审批，与建设项目其他主要管理事项同步“并联”办理。

第七条 项目环境影响评价应与规划环境影响评价联动。未开展规划环境影响评价，园区污水集中处理、固体废物集中处置等环境保护基础设施不健全的产业园区，应限制审批污染治理、节能减排及循环经济以外的建设项目。规划环境影响评价通过审查，规划包含的近期建设项目（一般为 3 年内），可适当简化项目环境影响评价中的环境现状评价内容，并可适当缩短项目信息公开时限。

第八条 优化简化环境影响评价要求，对不涉及自然保护区、水源地等环境保护敏感区域的风电及光伏发电项目，内含的 110 千伏变电站工程允许包含在风电或光伏项目中做专章评价一并审批，无需单独编制报批 110 千伏变电站工程电磁辐射环境影响评价。

第九条 依法实施区域项目限批，对超过国家或自治区重点污染物排放总量控制指标或者未完成国家或自治区确定的环境质量目标的地区，环境保护部门应暂停审批该地区新增重点污染物排放总量的项目环境影响评价文件。

第十条 全区各级环境保护部门应严格落实环境影响评价文件审批信息公开制度规定，“报告书”“报告表”受理信息公开分别为 10 个工作日、5 个工作日，拟审批信息公示 5 个工作日，审批结果公告 7 天；“登记表”项目定期进行备案项目公告。同时，加强“报告书”“报告表”质量考核及结果通报，强化从业环境影响评价机构的日常监管，加强社会监督，促进公众参与。

第十一条 环境影响评价技术评估机构受环境保护行政主管部门委托进行环境影响评价文件技术评估时，不收取任何费用。“报告书”“报告表”的技术评估原则上分别在 20 个、10 个工作日内完成，并出具结论明确的技术评估报告。通过技术评估的“报告书”“报告表”应分别在 30 个、15 个工作日内完成审查审批。建设单位补正资料和修改完善“报告书”“报告表”的时间不计入技术评估和审批时限。建设单位补正资料和修改完善“报告书”“报告表”的时间，最长不得超过 10 个工作日。

第十二条 环境保护部门从事环境影响评价审批的工作人员，依法应当公开环境影响评价审批相关信息而未公开；对未批先建、擅自重大变更等环境违法行为进行包庇；对不符合行政许可条件准予行政许可等行为，将由有关监督机关依法依规予以处理。

第十三条 建设项目竣工环境保护设施验收，依照《自治区环境保护厅审批环境影响评价文件的建设项目目录（2015 年本）》（以下简称“目录”）执行。目录以外已由自治区环境保护厅审批环境影响评价文件的建设项目竣工环境保护设施验收，由自治区环境保护厅负责或授权项目所在地设区的市环境保护局办理；目录内自治区环境保护厅审批环境影响评价文件的建设项目，可由自治区环境保护厅授权项目所在地设区的市环境保护局验收。被授权的设区的市环境保护局应将建设项目竣工环境保护设施验收批复抄送自治区环境保护厅。

第十四条 本规定需要调整，由自治区人民政府适时调整并发布实施。国家、自治区关于建设项目环境影响评价文件分级审批（备案）管理另有规定的，按照有关规定执行。

第十五条 本规定自发布之日起施行。自治区人民政府办公厅 2011 年 5 月 3 日发布的《宁夏回族自治区建设项目环境影响评价文件分级审批规定》（宁政办发〔2011〕81 号）同时废止。与本规定不一致的其他相关文件内容即行废止。

宁夏回族自治区环境保护厅审批环境影响评价文件的建设项目目录（2015年本）

一、农业水利

农业：农业转基因、物种引进项目。

水库：跨设区市项目。

其他水事工程：跨设区市项目。

二、能源

电力：火电站、热电站、抽水蓄能电站及环境保护部审批以外的水电站项目。

煤炭：煤层气开采、国家规划矿区内新增年生产能力120万吨以下的煤炭开采、国家规划矿区外新增年生产能力90万吨及以上的煤炭开采项目。

石油、天然气：石油、天然气、页岩气开采（含净化）项目。

输油管网（不含油田集输管网）：跨设区市管网项目。

输气管网（不含油气田集输管网）：跨设区市管网项目。

电网工程：220千伏、330千伏、750千伏交流项目及跨设区市的110千伏项目。

三、交通运输

铁路：国家铁路网干线以外的跨设区市铁路项目。

公路：国家及地方高速公路网项目；跨设区市公路项目。

民航：新建通用机场项目；扩建运输机场项目。

四、原材料

矿山开发：铁矿、有色矿山开发（含单独尾矿库）项目。

黑色金属：炼铁、炼钢项目。

有色金属：电解铝、氧化铝项目；铜、铅、锌冶炼项目（再生有色金属冶炼除外）。

石化：列入国务院批准的国家能源发展规划、石化产业规划布局方案的扩建项目；新建乙烯项目。

化工：年产20亿立方米及以下煤制天然气、年产100万吨及以下煤制油、年产50万吨及以下煤经甲醇制烯烃、年产100万吨及以下煤炭综合利用制甲醇项目；

新建对二甲苯（PX）、精对苯二甲酸（PTA）项目；新建二苯基甲烷二异氰酸酯（MDI）项目。

稀土：稀土深加工项目。

黄金：采选矿项目。

五、机械制造

汽车：汽车整车制造项目。

六、城建

城市快速轨道交通：国家批准的规划内城市快速轨道交通项目。

七、社会事业

主题公园：大型项目。

八、生态保护和环境治理

新建年焚烧危险废物5000吨以上的项目。

九、核与辐射

环境保护部审批以外的，除不跨设区市的110千伏输变电工程和生产、销售、使用Ⅲ类射线装置项目以外的其他所有项目。

新疆维吾尔自治区（2018 年本）

关于印发《新疆维吾尔自治区建设项目环境影响评价文件分级审批目录》的通知

新环发〔2018〕77 号

伊犁哈萨克自治州环保局，各地、州、市环保局，霍尔果斯、喀什经济开发区环保局：

为进一步加强和规范建设项目环境影响评价文件审批，加大简政放权、放管结合、优化服务改革力度，明确审批权责，提高审批效率，根据《环境影响评价法》《国务院关于修改〈建设项目环境保护管理条例〉的决定》（国务院令第 682 号）、《建设项目环境影响评价文件分级审批规定》（原环境保护部令第 5 号）等有关规定，结合实际，我厅制定了《新疆维吾尔自治区建设项目环境影响评价文件分级审批目录》（以下简称《目录》。经自治区人民政府同意，现将《目录》印发你们，请遵照执行。

本《目录》自印发之日起施行，自治区环境保护厅已发布的与本《目录》不一致的其他相关文件内容同时废止。在本《目录》印发之前，按照原审批权限各级环保部门已受理的建设项目环境影响评价文件可继续完成审批工作。

2018 年 6 月 4 日

新疆维吾尔自治区建设项目环境影响评价文件分级审批目录

第一条 为进一步加强和规范建设项目环境影响评价文件审批，加大简政放权、放管结合、优化服务改革力度，明确审批权责，提高审批效率，根据《环境影响评价法》《国务院关于修改〈建设项目环境保护管理条例〉的决定》（国务院令第682号）、《建设项目环境影响评价文件分级审批规定》（原环境保护部令第5号）等有关规定，制定本目录。

第二条 本目录适用于新疆维吾尔自治区行政区域内（不含兵团）除生态环境部审批的建设项目环境影响评价文件以外的，对环境可能造成重大和轻度影响的新建、扩建和技术改造建设项目（依法应当编制环境影响报告书、环境影响报告表的建设项目）环境影响评价文件的审批。

第三条 依法应当编制环境影响报告书、环境影响报告表的建设项目，无论投资主体、资金来源、项目性质和投资规模，其环境影响评价文件均应按照本目录确定的审批权限审批。

有关军事设施建设项目的环境影响评价文件的审批，依据有关法律和行政法规执行。

第四条 建设项目环境影响评价文件的分级审批权限，原则上按照建设项目对环境的影响性质、程度、范围和环境风险的大小确定。

第五条 霍尔果斯、喀什经济开发区环境保护主管部门建设项目环境影响评价文件的审批权限仍按照自治区环境保护厅《关于明确喀什、霍尔果斯经济开发区建设项目环境影响评价文件审批权限的通知》（新环发〔2016〕380号）有关规定执行。

第六条 自治区以下环保机构监测监察执法垂直管理制度改革到位之前，按照有关规定原由县级环境保护主管部门审批的建设项目环境影响评价文件仍由县级环境保护主管部门审批。本目录中下放各地州市环境保护主管部门建设项目环境影响评价文件的审批权限不得下放县级环境保护主管部门。自治区以下环保机构监测监察执法垂直管理制度改革到位后，县级环境保护主管部门的建设项目环境影响评价文件审批权限一律上收地州市环境保护主管部门。

第七条 建设项目可能造成跨行政区域的不良环境影响，有关环境保护主管部门对该项目的环境影响评价结论有争议的，其环境影响评价文件由共同的上一级环境保护主管部门审批。

第八条 跨行业、复合型建设项目的环境影响评价文件审批权限按其中单项等级最高的确定。

第九条 对依法应当编制环境影响登记表的建设项目实行备案管理，具体备案办法按照《建设项目环境影响登记表备案管理办法》（原环境保护部令第41号）

和自治区环境保护厅《关于实行建设项目环境影响登记表备案管理的公告》（2017年第20号）等有关规定执行。

第十条 本目录所称环境敏感区，是指依法设立的各级各类保护区域和对建设项目产生的环境影响特别敏感的区域，主要包括下列区域：

（一）自然保护区、风景名胜区、世界文化和自然遗产地、饮用水水源保护区；

（二）基本农田保护区、基本草原、森林公园、地质公园、重要湿地、天然林、野生动物重要栖息地、重点保护野生植物生长繁殖地、重要水生生物的自然产卵场、索饵场、越冬场和洄游通道、天然渔场、水土流失重点防治区、沙化土地封禁保护区；

（三）以居住、医疗卫生、文化教育、科研、行政办公等为主要功能的区域，以及文物保护单位。

第十一条 各级环境保护主管部门应当完善建设项目环评审批、技术评估、建设单位落实环境保护责任以及环评单位从业等各环节的事中事后监管工作机制，强化事中事后监管。

第十二条 以乌鲁木齐、昌吉、石河子、五家渠区域，奎屯、独山子、乌苏区域为重点，各级环境保护主管部门应当以改善环境质量为核心，严格落实“生态保护红线、环境质量底线、资源利用上线和环境准入负面清单”约束，完善项目环评审批与规划环评、现有项目环境管理、区域环境质量联动机制，推进环境质量改善。

第十三条 本目录中建设项目环境影响评价文件分级审批权限和分级审批目录，将根据国家和自治区政策调整、变化情况，由自治区环境保护厅适时调整，并在其门户网站予以公示。

第十四条 本目录由自治区环境保护厅负责解释。

第十五条 本目录自发布之日起施行。与本目录不一致的其他相关文件内容同时废止。

新疆维吾尔自治区环境保护厅办公室

2018年6月4日印发

新疆维吾尔自治区建设项目环境影响评价文件分级审批目录（2018 年本）

序号	项目类别	自治区环保厅审批权限（33 大类 77 项）	地州市环保局审批权限（45 大类 146 项）
一	畜牧业		
1	畜禽养殖场、养殖小区	年出栏生猪 5000 头（其他畜禽种类折合猪的养殖规模）及以上；涉及环境敏感区的，即涉及本目录第十条（一）、（三）中的全部区域	/
二	农副产品加工业		
2	粮食及饲料加工	/	含发酵工艺的；年加工 1 万吨及以上的
3	植物油加工	/	除单纯分装和调和外的
4	制糖、糖制品加工	原糖生产	其他（单纯分装的除外）
5	屠宰	/	全部
6	肉禽类加工	/	年加工 2 万吨及以上
7	水产品加工	/	鱼油提取及制品制造；年加工 10 万吨及以上的；涉及环境敏感区的，即涉及本目录第十条（一）、（二）中的全部区域
8	淀粉、淀粉糖	/	除单纯分装外的
9	豆制品制造	/	除手工制作和单纯分装外的
三	食品制造业		
10	方便食品制造	/	除手工制作和单纯分装外的
11	乳制品制造	/	除单纯分装外的
12	调味品、发酵制品制造	/	除单纯分装外的
13	盐加工	/	全部
14	饲料添加剂、食品添加剂制造	/	除单纯混合或分装外的
15	营养食品、保健食品、冷冻饮品、食用冰制造及其他食品制造	/	除手工制作或单纯分装外的

序号	项目类别	自治区环保厅审批权限（33 大类 77 项）	地州市环保局审批权限（45 大类 146 项）
四	酒、饮料制造业		
16	酒精饮料及酒类制造	有发酵工艺的（以水果或水果汁为原料年生产能力 1000 千升以下的除外）	其他（单纯勾兑的除外）
17	果、菜汁类及其他软饮料制造	/	除单纯调制外的
五	烟草制品业		
18	卷烟	/	全部
六	纺织业		
19	纺织品制造	有洗毛、染整、脱胶工段的；产生缫丝废水、精炼废水的	其他（编织物及其制品制造除外）
七	纺织服装、服饰业		
20	服装制造	有湿法印花、染色、水洗工艺的	新建年加工 100 万件及以上
八	皮革、毛皮、羽毛及其制品和制鞋业		
21	皮革、毛皮、羽毛（绒）制品	制革、毛皮鞣制	其他
22	制鞋业	/	使用有机溶剂的
九	木材加工和木、竹、藤、棕、草制品业		
23	锯材、木片加工、木制品制造	/	全部
24	人造板制造	/	全部
25	竹、藤、棕、草制品制造	/	有化学处理工艺的；有喷漆工艺的
十	家具制造业		
26	家具制造	/	全部
十一	造纸和纸制品业		
27	纸浆、溶解浆、纤维浆等制造；造纸（含废纸造纸）	全部	/
28	纸制品制造	/	有化学处理工艺的
十二	印刷和记录媒介复制业		
29	印刷厂；磁材料制品	/	全部
十三	文教、工美、体育和娱乐用品制造业		
30	文教、体育、娱乐用品制造	/	全部
31	工艺品制造	/	有电镀或喷漆工艺的；有机加工的

序号	项目类别	自治区环保厅审批权限 （33 大类 77 项）	地州市环保局审批权限 （45 大类 146 项）
十四	石油加工、炼焦业		
32	原油加工、天然气加工、油母页岩等提炼原油、煤制油、生物制油及其他石油制品	除生态环境部审批权限外的全部	/
33	煤化工（含煤炭液化、气化）	除生态环境部审批权限外的全部	/
34	炼焦、煤炭热解、电石	全部	/
十五	化学原料和化学制品制造业		
35	基本化学原料制造；农药制造；涂料、染料、颜料、油墨及其类似产品制造；合成材料制造；专用化学品制造；炸药、火工及焰火产品制造；水处理剂等制造	基本化学原料制造；合成材料制造；专用化学品制造；炸药、火工及焰火产品制造（单纯混合和分装的除外）	其他
36	肥料制造	化学肥料（单纯混合和分装的除外）	其他
37	半导体材料	全部	/
38	日用化学品制造	/	全部
十六	医药制造业		
39	化学药品制造；生物、生化制品制造	全部	/
40	单纯药品分装、复配	/	全部
41	中成药制造、中药饮片加工	有提炼工艺的中成药制造	其他
42	卫生材料及医药用品制造	/	全部
十七	化学纤维制造业		
43	化学纤维制造	除单纯纺丝外的	单纯纺丝
44	生物质纤维素乙醇生产	全部	/

序号	项目类别	自治区环保厅审批权限 （33 大类 77 项）	地州市环保局审批权限 （45 大类 146 项）
十八	橡胶和塑料制品业		
45	轮胎制造、再生橡胶制造、橡胶加工、橡胶制品制造及翻新	轮胎制造；有炼化及硫化工艺的	其他
46	塑料制品制造	/	全部
十九	非金属矿物制品业		
47	水泥制造	全部	/
48	水泥粉磨站	/	全部
49	砼结构构件制造、商品混凝土加工	/	全部
50	石灰和石膏制造、石材加工、人造石制造、砖瓦制造	/	全部
51	玻璃及玻璃制品	平板玻璃制造	其他玻璃制造；以煤、油、天然气为燃料加热的玻璃制品制造
52	玻璃纤维及玻璃纤维增强塑料制品	/	全部
53	陶瓷制品	年产建筑陶瓷 100 万平方米及以上；年产卫生陶瓷 150 万件及以上；年产日用陶瓷 250 万件及以上	其他
54	耐火材料及其制品	/	全部
55	石墨及其他非金属矿物制品	含焙烧的石墨、碳素制品	其他
56	防水建筑材料制造、沥青搅拌站、干粉砂浆搅拌站	/	全部
二十	黑色金属冶炼和压延加工业		
57	炼铁、球团、烧结	全部	/
58	炼钢	全部	/
59	黑色金属铸造	/	全部
60	压延加工	/	全部
61	铁合金制造；锰、铬冶炼	全部	/

序号	项目类别	自治区环保厅审批权限（33 大类 77 项）	地州市环保局审批权限（45 大类 146 项）
二十一	有色金属冶炼和压延加工业		
62	有色金属冶炼（含再生有色金属冶炼）	全部	/
63	有色金属合金制造	全部	/
64	有色金属铸造	/	全部
65	压延加工	/	全部
二十二	金属制品业		
66	金属制品加工制造	有电镀或喷漆工艺且年用油性漆量（含稀释剂）10 吨及以上的	其他（仅切割组装除外）
67	金属制品表面处理及热处理加工	有电镀工艺的	其他
二十三	通用设备制造业		
68	通用设备制造及维修	有电镀或喷漆工艺且年用油性漆量（含稀释剂）10 吨及以上的	其他（仅组装的除外）
二十四	专用设备制造业		
69	专用设备制造及维修	有电镀或喷漆工艺且年用油性漆量（含稀释剂）10 吨及以上的	其他（仅组装的除外）
二十五	汽车制造业		
70	汽车制造	整车制造（仅组装的除外）；发动机生产；有电镀或喷漆工艺且年用油性漆量（含稀释剂）10 吨及以上的零部件生产	其他
二十六	铁路、船舶、航空航天和其他运输设备制造业		
71	铁路运输设备制造及修理	/	全部
72	船舶和相关装置制造及维修	/	全部
73	航空航天器制造	/	全部
74	摩托车制造	/	全部
75	自行车制造	/	全部
76	交通器材及其他交通运输设备制造	/	全部（仅组装的除外）
二十七	电气机械和器材制造业		
77	电气机械及器材制造	/	全部（仅组装的除外）
78	太阳能电池片	/	全部

序号	项目类别	自治区环保厅审批权限（33大类77项）	地州市环保局审批权限（45大类146项）
二十八	计算机、通信和其他电子设备制造业		
79	计算机制造	/	显示器件；集成电路；有分割、焊接、酸洗或有机溶剂清洗工艺的
80	智能消费设备制造	/	全部
81	电子器件制造	/	显示器件；集成电路；有分割、焊接、酸洗或有机溶剂清洗工艺的
82	电子元件及电子专用材料制造	/	印刷电路板；电子专用材料；有分割、焊接、酸洗或有机溶剂清洗工艺的
83	通信设备制造、广播电视设备制造、雷达及配套设备制造、非专业视听设备制造及其他电子设备制造	/	全部
二十九	仪器仪表制造业		
84	仪器仪表制造	/	全部（仅组装的除外）
三十	废弃资源综合利用业		
85	废旧资源（含生物质）加工、再生利用	废电子电器产品、废电池、废汽车、废电机、废五金、废塑料（除分拣清洗工艺的）、废油、废船、废轮胎等加工、再生利用	其他
三十一	电力、热力生产和供应业		
86	火力发电（含热电）	除燃气发电工程外的	燃气发电
87	综合利用发电	利用矸石、油页岩、石油焦等发电	单纯利用余热、余压、余气（含煤层气）发电
88	水力发电	在跨界河流、跨地（州、市）河流上建设的单站总装机容量50万千瓦以下项目；在非跨界河流、非跨地（州、市）河流上建设的单站总装机容量5万千瓦及以上项目；抽水蓄能电站；涉及环境敏感区的，即涉及本目录第十条（一）中的全部区域、（二）中的重要水生生物的自然产卵场、索饵场、越冬场和洄游通道	除生态环境部、自治区环境保护厅审批权限以外的

序号	项目类别	自治区环保厅审批权限（33 大类 77 项）	地州市环保局审批权限（45 大类 146 项）
89	生物质发电	生活垃圾、污泥发电	利用农林生物质、沼气发电、垃圾填埋气发电
90	其他能源发电	温差电站	利用地热、太阳能热等发电；地面集中光伏电站（总容量大于 6000 千瓦，且接入电压等级不小于 10 千伏）；风力发电
91	热力生产和供应工程	/	全部
三十二	燃气生产和供应业		
92	煤气生产和供应工程	煤气生产	煤气供应
93	城市天然气供应工程	/	全部
三十三	水的生产和供应业		
94	自来水生产和供应工程	/	全部
95	生活污水集中处理	/	全部
96	工业废水处理	新建、扩建集中处理的	其他
97	海水淡化、其他水处理和利用	/	全部
三十四	环境治理业		
98	脱硫、脱硝、除尘、VOCs 等治理工程	/	新建脱硫、脱硝、除尘
99	危险废物（含医疗废物）利用及处置	利用及处置的（单独收集、病死动物化尸窖（井）除外）	其他
100	一般工业固体废物（含污泥）处置及综合利用	采取填埋和焚烧方式的	其他
101	污染场地治理修复	/	全部
三十五	公共设施管理业		
102	城镇生活垃圾转运站	/	全部
103	城镇生活垃圾（含餐厨废弃物）集中处置	含焚烧装置的	其他

序号	项目类别	自治区环保厅审批权限（33 大类 77 项）	地州市环保局审批权限（45 大类 146 项）
104	城镇粪便处置工程	/	日处理 50 吨及以上
三十六	房地产		
105	房地产开发、宾馆、酒店、办公用房、标准厂房等	/	涉及环境敏感区的，即涉及本目录第十条（一）中的全部区域，（二）中的基本农田保护区、基本草原、森林公园、地质公园、重要湿地、天然林、野生动物重要栖息地、重点保护野生植物生长繁殖地；（三）中的文物保护单位，针对标准厂房增加（三）中的以居住、医疗卫生、文化教育、科研、行政办公等为主要功能的区域；需自建配套污水处理设施的
三十七	研究和试验发展		
106	专业实验室	P3、P4 生物安全实验室；转基因实验室	其他
107	研发基地	含医药、化工类等专业中试内容的	其他
三十八	专业技术服务业		
108	矿产资源地质勘查（含勘探活动和油气资源勘探）	/	全部
109	动物医院	/	全部
三十九	卫生		
110	医院、专科防治院（所、站）、社区医疗、卫生院（所、站）、血站、急救中心、妇幼保健院、疗养院等其他卫生机构	/	除 20 张床位以下的
111	疾病预防控制中心	/	全部

序号	项目类别	自治区环保厅审批权限（33 大类 77 项）	地州市环保局审批权限（45 大类 146 项）
四十	社会事业与服务业		
112	学校、幼儿园、托儿所、福利院、养老院	/	涉及环境敏感区的，即涉及本目录第十条（一）中的全部区域，（二）中的基本农田保护区、基本草原、森林公园、地质公园、重要湿地、天然林、野生动物重要栖息地、重点保护野生植物生长繁殖地；有化学、生物等实验室的学校
113	批发、零售市场	/	涉及环境敏感区的，即涉及本目录第十条（一）中的全部区域，（二）中的基本农田保护区、基本草原、森林公园、地质公园、重要湿地、天然林、野生动物重要栖息地、重点保护野生植物生长繁殖地；（三）中的文物保护单位
114	宾馆饭店及医疗机构衣物集中洗涤、餐具集中清洗消毒	/	需自建配套污水处理设施的
115	高尔夫球场、滑雪场、狩猎场、赛车场、跑马场、射击场、水上运动中心	高尔夫球场	其他
116	展览馆、博物馆、美术馆、影剧院、音乐厅、文化馆、图书馆、档案馆、纪念馆、体育场、体育馆等	/	涉及环境敏感区的，即涉及本目录第十条（一）中的全部区域，（二）中的基本农田保护区、基本草原、森林公园、地质公园、重要湿地、天然林、野生动物重要栖息地、重点保护野生植物生长繁殖地；（三）中的文物保护单位
117	公园（含动物园、植物园、主题公园）	大型主题公园	除特大型主题公园（生态环境部审批权限）、大型主题公园和城市公园和植物园以外的
118	旅游开发	/	全部
119	影视基地建设	/	全部
120	胶片洗印厂	/	全部

序号	项目类别	自治区环保厅审批权限 （33 大类 77 项）	地州市环保局审批权限 （45 大类 146 项）
121	驾驶员训练基地、公交枢纽、大型停车场、机动车检测场	/	涉及环境敏感区的，即涉及本目录第十条（一）中的全部区域，（二）中的基本农田保护区、基本草原、森林公园、地质公园、重要湿地、天然林、野生动物重要栖息地、重点保护野生植物生长繁殖地；（三）中的文物保护单位
122	加油、加气站	/	新建、扩建
123	洗车场	/	涉及环境敏感区的，即涉及本目录第十条（一）中的全部区域，（二）中的基本农田保护区、基本草原、森林公园、地质公园、重要湿地、天然林、野生动物重要栖息地、重点保护野生植物生长繁殖地；（三）中的全部区域；危险化学品运输车辆清洗场
124	汽车、摩托车维修场所	/	涉及环境敏感区的，即涉及本目录第十条（一）和（三）中的全部区域；有喷漆工艺的
125	殡仪馆、陵园、公墓	/	殡仪馆；涉及环境敏感区的，即涉及本目录第十条（一）中的全部区域，（二）中的基本农田保护区，（三）中的全部区域
四十一	煤炭开采和洗选业		
126	煤炭开采	除国家规划矿区内新增年生产能力 120 万吨及以上的煤炭开发项目	/
127	洗选、配煤	/	全部
128	煤炭储存、集运	/	全部
129	型煤、水煤浆生产	/	全部
四十二	石油和天然气开采业		
130	石油、页岩油开采	石油开采新区块开发；页岩油开采	其他
131	天然气、页岩气、砂岩气开采（含净化、液化）	新区块开发	其他

序号	项目类别	自治区环保厅审批权限 （33 大类 77 项）	地州市环保局审批权限 （45 大类 146 项）
132	煤层气开采（含净化、液化）	年生产能力 1 亿立方米及以上；涉及环境敏感区的，即涉及本目录第十条（一）中的全部区域，（二）中的基本草原、水土流失重点防治区、沙化土地封禁保护区，（三）中的全部区域	其他
四十三	黑色金属矿采选业		
133	黑色金属矿采选（含单独尾矿库）	全部	/
四十四	有色金属矿采选业		
134	有色金属矿采选（含单独尾矿库）	除生态环境部审批的稀土矿山开发项目以外的	/
四十五	非金属矿采选业		
135	土砂石、石材开采加工	/	全部
136	化学矿采选	全部	/
137	采盐	井盐	湖盐
138	石棉及其他非金属矿采选	/	全部
四十六	水利		
139	水库	除生态环境部审批项目以外的库容 1000 万立方米及以上；涉及环境敏感区的，即涉及本目录第十条（一）中的的全部区域，（二）中的重要水生生物的自然产卵场、索饵场、越冬场和洄游通道	其他
140	灌区工程	/	全部
141	引水工程	除生态环境部审批项目以外的跨地（州、市水资源配置调整的项目；涉及环境敏感区的，即涉及本目录第十条（一）中的的全部区域，（二）中的重要水生生物的自然产卵场、索饵场、越冬场和洄游通道	其他

序号	项目类别	自治区环保厅审批权限 （33大类77项）	地州市环保局审批权限 （45大类146项）
142	防洪治涝工程	/	全部
143	河湖整治	涉及环境敏感区的，即涉及本目录第十条（一）中的全部区域，（二）中的重要湿地、野生动物重要栖息地、重点保护野生植物生长繁殖地、重要水生生物的自然产卵场、索饵场、越冬场和洄游通道，（三）中的文物保护单位	其他
144	地下水开采	日取水量1万立方米及以上；涉及环境敏感区的，即涉及本目录第十条（一）中的全部区域；（二）中的重要湿地的	其他
四十七	农业、林业、渔业		
145	农业垦殖	/	涉及环境敏感区的，即涉及本目录第十条（一）中的全部区域，（二）中的基本草原、重要湿地、水土流失重点防治区的
146	农产品基地项目（含药材基地）	/	涉及环境敏感区的，即涉及本目录第十条（一）中的全部区域，（二）中的基本草原、重要湿地、水土流失重点防治区
147	经济林基地项目	/	原料林基地
148	淡水养殖	/	网箱、围网等投饵养殖；涉及环境敏感区的，即涉及本目录第十条（一）中的全部区域的
四十八	交通运输业、管道运输业和仓储业		
149	等级公路	纳入国家高速公路网的高速公路，跨地（州、市）区域的新建、扩建三级及以上等级公路；涉及环境敏感区的，即涉及本目录第十条全部区域中的1公里及以上的独立隧道、主桥长度1公里及以上的独立桥梁	其他（配套设施、不涉及环境敏感区的四级以下公路除外）

序号	项目类别	自治区环保厅审批权限（33 大类 77 项）	地州市环保局审批权限（45 大类 146 项）
150	新建、增建铁路	除生态环境部审批的跨省（区、市）项目和国家铁路干线中的干线项目外的新建、增建铁路（30 公里及以下铁路联络线和 30 公里及以下铁路专用线除外）；涉及环境敏感区的，即涉及本目录第十条全部区域中的新建、增建铁路	30 公里及以下铁路联络线和 30 公里及以下铁路专用线
151	改建铁路	跨地州的改建铁路	其他
152	铁路枢纽	大型枢纽	其他
153	机场	除生态环境部审批的新建运输机场以外的新建通用机场；飞行区扩建	其他
154	导航台站、供油工程、维修保障等配套工程	/	供油工程；涉及环境敏感区的，即涉及本目录第十条（三）中的以居住、医疗卫生、文化教育、科研、行政办公等为主要功能的区域
155	滚装、客运、工作船、游艇码头	/	全部
156	城市轨道交通	全部	/
157	城市道路（不含维护，不含支路）	/	新建快速路、干道
158	城市桥梁、隧道（不含人行天桥、人行地道）	/	全部
159	长途客运站	/	新建
160	城镇管网及管廊建设（不含 1.6 兆帕及以下的天然气管道）	/	新建
161	石油、天然气、页岩气、成品油管线（不含城市天然气管线）	除生态环境部审批的跨境、跨省（区、市）干线管网项目外的跨地（州、市）的输油输气管网；涉及环境敏感区的，即涉及本目录第十条（一）中的全部区域，（二）中的基本农田保护区、地质公园、重要湿地、天然林，（三）中的全部区域	其他

序号	项目类别	自治区环保厅审批权限（33 大类 77 项）	地州市环保局审批权限（45 大类 146 项）
162	化学品输送管线	全部	/
163	油库（不含加油站的油库）	总容量 20 万立方米及以上；地下洞库	其他
164	气库（含 LNG 库，不含加气站的气库）	地下气库	其他
165	仓储（不含油库、气库、煤炭储存）	/	有毒、有害及危险品的仓储、物流配送项目
四十九	核与辐射		
166	输变电工程	除生态环境部审批外的自治区境内 330 千伏及以上输变电工程；跨地（州、市）的 110 千伏、220 千伏输变电工程	不跨地（州、市）的 110 千伏、220 千伏输变电工程
167	广播电台、差转台	除生态环境部审批的中波 50 千瓦及以上、短波 100 千瓦及以上，以及涉及本目录第十条（三）中的以居住、医疗卫生、文化体育、科研、行政办公等为主要功能的区域外的	/
168	电视塔台	除生态环境部审批权限外的	/
169	卫星地球上行站	除生态环境部审批权限外的	/
170	雷达	除生态环境部审批权限外的	/
171	伴生放射性矿产资源的采选、冶炼及废渣再利用	除国务院或国务院有关部门审批的伴生放射性矿开发利用项目以外的	/
172	核技术利用建设项目（不含在已许可场所增加不超出已许可活动种类和不高于已许可范围等级的核素或射线装置）	制备 PET 用放射性药物的；医疗使用 I 类放射源的；使用 II 类、III 类放射源的；生产、使用 II 类射线装置的，乙级、丙级非密封放射性物质工作场所，在野外进行放射性同位素示踪试验的	/

<table>
<tr><th>序号</th><th>项目类别</th><th>自治区环保厅审批权限
（33 大类 77 项）</th><th>地州市环保局审批权限
（45 大类 146 项）</th></tr>
<tr><td>173</td><td>核技术利用项目退役</td><td>制备PET用放射性药物的；甲级、乙级非密封放射性物质工作场所，水井式γ辐照装置；除水井式γ辐照装置外其他使用Ⅰ类、Ⅱ类、Ⅲ类放射源场所存在污染的；使用Ⅰ类、Ⅱ类射线装置存在污染的</td><td>/</td></tr>
<tr><td colspan="2" rowspan="3">说　明</td><td colspan="2">一、目录中涉及规模的，均指新增规模</td></tr>
<tr><td colspan="2">二、单纯混合为不发生化学反应的物理混合过程；分装指由大包装变为小包装</td></tr>
<tr><td colspan="2">三、目录中的“/”表示无权限</td></tr>
</table>

新疆生产建设兵团（2015年本）

关于印发《兵团环境保护局审批环境影响评价文件的建设项目目录（2015年本）》的通知

兵环发〔2015〕149号

各师建设局（环保局）：

根据《中华人民共和国环境影响评价法》《建设项目环境影响评价文件分级审批规定》（环境保护部令第5号）及《环境保护部审批环境影响评价文件的建设项目目录（2015年本）》（环境保护部公告2015年第17号），经兵团同意，现将我局制定的《兵团环境保护局审批环境影响评价文件的建设项目目录（2015年本）》予以印发。

在建设项目环境影响评价文件按照其审批、核准和备案权限实行同级审批的前提下，将兵团环保局负责审批的建设项目（除辐射类）环境影响报告表、登记表环评审批权限全部下放至师级环境保护行政主管部门。

各师环境保护行政主管部门应当以改善环境质量、优化经济发展为目标，切实发挥规划环境影响评价的调控约束作用，落实污染物排放总量控制前置要求，严格建设项目环境影响评价管理。

建设项目竣工环境保护验收依照本通知目录执行，目录以外已由兵团环保局审批环境影响评价文件的建设项目，竣工环保验收和项目变更事项委托项目所在地的师级环境保护行政主管部门办理。

本通知自2015年8月1日起实施，与本通知不一致的其他相关文件内容即行废止。

附件：兵团环境保护局审批环境影响评价文件的建设项目目录（2015年本）

兵团建设局（环保局）

2015年7月22日

附件

兵团环境保护局审批环境影响评价文件的建设项目目录（2015年本）

一、农业水利

农业：5000亩及以上或涉及环境敏感目标的开荒项目。

水库：库容2000万立方米及以上的项目；跨流域或师河流上建设的项目。

其他水事工程：跨流域或师域的水资源配置调整项目。

二、煤炭

煤层气开发项目：年产1亿立方米及以上项目。

煤矿：国家规划矿区新增产能120万吨/年以下项目。

三、电力

水电站：在跨流域或师域河流上建设的项目；总装机容量1000千瓦及以上水电站；抽水蓄能电站。

电站：燃煤火力发电项目；燃煤热电联产项目；农林生物质直接燃烧或气化发电（包括热电）项目；生活垃圾、污泥焚烧发电项目。

风电站：装机5万千瓦及以上的项目。

电网工程：跨师（市）域范围的项目。

四、石油、天然气

新建油田、气田开发项目。

新建进口液化天然气接收、储运设施。

输油、输气管网（不含油田集输管网）：跨师（市）域的管网项目。

五、矿产开发及冶金

采选：新建铁矿开发项目，有色金属矿及贵重金属矿开发项目。

冶炼：炼钢、炼铁、轧钢项目，以矿石为原料的金属及类金属冶炼项目，电解铝、氧化铝等有色金属冶炼项目，铁合金、电石、焦炭项目，稀土深加工项目。

六、机械电子建材

汽车：新建汽车整车项目。

航空航天器制造：干线支线飞机，6吨/9座及以上通用飞机和3吨及以上直升飞机制造、民用卫星制造、民用遥感卫星地面站建设项目。

建材：水泥熟料制造、平板玻璃制造。

七、石化、化工

石化：列入国务院批准的国家能源发展规划、石化产业规划布局方案的新建及扩建的一次炼油项目，新建乙烯、沥青生产项目（改性沥青除外）。

化工：化学药品、农药制造项目，精对苯二甲酸（PTA）、对二甲苯（PX）、二苯基甲烷二异氰酸酯（MDI）、甲苯二异氰酸酯（TDI）项目，年产50万吨及以上钾矿肥项目，铬盐、氰化物生产项目。

八、轻工

轻工：化学制浆（含化机浆），年产20万吨及以上造纸，日产300吨及以上聚酯项目，鞣革、味精（利用商品谷氨酸生产味精除外）、柠檬酸、酒精制造、变性燃料乙醇项目，卷烟、烟用二醋酸纤维素及丝束项目。

九、交通

公路：国家高速公路网、普通国道网、普通省道网项目，跨大江大河（现状或规划为通航段）的独立公（铁）路桥梁、隧道项目及城市道路桥梁、隧道项目。

轨道交通：规划环境影响评价已通过审查的城市轨道交通项目。

机场：除新建运输机场以外的项目。

十、基础设施和社会事业

城镇基础设施：城市快速轨道交通项目。

社会事业：涉及三级、四级生物安全实验室项目，大学城、医学城及其他园区型社会事业项目，大型主题公园项目。

十一、金融

印钞、造币、钞票纸项目。

十二、电磁辐射

无线通信：国际通信基础设施项目，国内干线传输网（含广播电视网）以及其他涉及信息安全的电信基础设施项目。

电磁辐射设施：广播电台、差转台、电视塔台、卫星地球上行站、雷达编制环境影响报告书项目。

十三、其他项目

危险废物（含医疗废物）集中处置和综合利用项目，含电镀工序的电镀项目，含染整工序的印染项目，由兵团发改委核准、备案的外商投资项目，涉密级别为机密及以上的项目。

十四、由环境保护部委托及有关法律法规规定需省级环境保护行政主管部门审批的项目。

十五、本目录由兵团建设局（环保局）负责解释。